U0155538

TEMPO:

IL SOGNO DI UCCIDERE CHRÓNOS

时间

[意]奎多·托内利 著　　　　**Guido Tonelli**　　　　王　烈 译

河北科学技术出版社

·石家庄·

© Giangiacomo Feltrinelli Editore Milano
First published as Tempo by Guido Tonelli in April 2021 by
Giangiacomo Feltrinelli Editore, Milano
The Simplified Chinese characters edition is published in
arrangement with NIU NIU Culture.

版权登记号：03-2023-115

图书在版编目（CIP）数据

时间 /（意）奎多·托内利著；王烈译 . -- 石家庄：
河北科学技术出版社，2023.10
　ISBN 978-7-5717-1661-5

Ⅰ . ①时… Ⅱ . ①奎… ②王… Ⅲ . ①时间 - 普及读
物 Ⅳ . ① P19-49

中国国家版本馆 CIP 数据核字 (2023) 第 133841 号

时间
SHIJIAN　　[意] 奎多·托内利　著　王　烈　译

责任编辑：李　虎		经　销：全国新华书店	
责任校对：徐艳硕		开　本：787mm×1092mm　1/32	
美术编辑：张　帆 / 装帧设计：熊　琼		印　张：7.25	
出　版：河北科学技术出版社		字　数：106 千字	
地　址：石家庄市友谊北大街 330 号（邮编：050061）		版　次：2023 年 10 月第 1 版	
印　刷：万卷书坊印刷（天津）有限公司		印　次：2023 年 10 月第 1 次印刷	
定　价：68.00 元			

献给我勇敢的孩子们，

迪戈和朱莉娅

是否会有那么一个时间，

科学不再需要时间？

啊，时间，吞噬事物者……

——列奥纳多·达·芬奇，《阿伦德尔手稿》

爱丽丝："永久是多久？"

白兔先生："有时就一秒。"

——刘易斯·卡罗尔，《爱丽丝梦游仙境》

永恒由现在组成。

——艾米莉·狄金森，《诗集》

时间已逝，歌曲已完，

本以为我有更多东西要讲。

——罗杰·沃特斯，《时间》

中文版序言

我之所以写这本书，是因为时间不仅是科学家的问题，也关系到我们所有人，每个人都有亲身体会。我想每个人都曾在某个时刻思考过时间的本质：它到底是什么，为何一去不复返。

人类从几千年前就开始探寻，古代圣贤留给我们这样的教诲：时间毁灭一切，每过去一个时刻，生命就离终结更近一步，这注定的命运无人能逃过。

人在年轻时不会太在意能活多久，似乎一切都会永远存在，于是也就急不可耐地想走进未来，因为时间仿佛没有流逝。然后，随着年龄的增长，当脸上出现第一条皱纹时，生命时间从指间溜走的感觉就会渐渐浸入我们灵魂深处，慢慢变成一种微微的焦虑。

我们人类所在的物质世界中，一切都以一种周期性的节奏重复着，似乎永无止境，不会改变。日夜交替，月盈月缺，四季变换，划分着我们的一生；地球、太阳、月亮，以及点亮夜空的无数星辰，亘古不变。时间在它们身上循环往复，成就它们的不朽，但这不适用于我们，我们的时间不是一个圆，而更像一条线段，有始有终。

从这种深层的焦虑中，从这种原始的宿命中，诞生了人类发展史上最美丽的事物。埃及金字塔和秦始皇陵的设计和建造都是为了能永久留存。君王要名垂千古，于是古人造出了雄伟的建筑，可与最恢宏的大自然相媲美。

为后世千百年留下印记的愿望也催生了伟大的哲学体系，产生了柏拉图和孔子的思想，以及杰出的艺术品和科学本身。我们深深地知道人生有限，随时可能终结，所以自古就思索着时间。

过去的伟大思想家几乎都探讨过时间，艺术家、画家、诗人、音乐家也一样，但所有对时间的构想在想象力与创造性上都无法与现代科学的发现相比。大约一个世纪以前，当科学家开始研究亚核级微观尺度和宇宙级宏观尺度上的时间时，他们被惊得目瞪口呆。

于是我写了这本书，来和读者分享科学在最近几十年中获得的美妙知识，它不仅讲述科学理论和发现，还囊括了古老神话、艺术、诗歌、文学、历史，以及人类的恐惧。

这本书让我们风驰电掣地回到过去，回到一个没有时间的世界，微小的泡泡在无声的旋涡中上下舞动，没有行星、恒星，也没有其他任何一点儿物质，只有"空"。我们会发现，时间就诞生于此时，138亿年前，在这个微小的泡泡之中，很小的一点儿时空和很少的一点儿物质—能量混在一起，然后一切膨胀到超乎想象。我们会发现，时间与空间密不可分，被物质—能量扭曲，时间是一种物质，一种基本的成分，在我们宇宙的形成中有决定性作用。我们还会发现，时空包含能量，这种能量能振动、摇摆，产生传播几十亿光年的波。

本书是三部曲中的第二部，此三部曲旨在用通俗易懂的语言讲述现代科学对世界的认知。第一部《创生》(*Genesi*)讲述宇宙的起源，之后这第二部考察了另一个困扰人类千百年的重大问题。我愿和读者分享这些奇妙的主题和概念，其美丽和创意甚至超越天马行空的想象。

科学不仅属于科学家，也关系到所有人，因为从科学中诞生的看世界的方法反映在社会中，反映在我们的社会关系里。过去是这样，现在也是如此：当科学改变时，我们看待物质和宇宙诞生的方式也会改变，我们联接个体和社会的方式也随之改变。

　　因此，让所有人尤其是孩子迅速接触到最新的科学发现并掌握这些发现带来的世界观就非常重要。在知识时代，中国在世界舞台上将更加光彩夺目。通过阅读本书，中国的年轻人也可获得更先进的工具、更深刻的意识，更有准备地去面对未来的巨大挑战。

奎多·托内利

推荐序　永恒的幻觉

"永恒的幻觉"改编自爱因斯坦，他曾说过，时间是人类顽固的错觉。时间，对于一个普通现代人来说，远远不是错觉，它顽固地刻在我们的日程表上。工作日，一大早我们就会被闹钟叫起；临近中午，肚子饿了该去吃饭了；渐近深夜，该去睡觉了，尽管入睡可能是一件困难的事。当然，在古代，我们还没有严格的考勤制度时，时间也存在着，只是相对比较松散：我们不必为了工作一定要按时起床，如果肚子不饿，大可以再躺一会儿。在农业社会，只要记得给庄稼松土施肥不要太晚就行了。更早的时候，我们的祖先还处于采集狩猎时代，只要肚子不饿，根本不会想到还有时间这种东西。

但不论我们祖先的生活方式如何，他们应该早就可以感知时间——日出日落、季节交替，这些都是可感知的。甚至，人类可以感知到更加精细的时间，比如当听到蛇行的声音时，我们可能在不到一秒的时间内逃之夭夭。但是，精确地记录时间，应该是在进入农业社会以后。为了种植，我们不得不比较精准地记得每一种谷物播种的时间，于是，中国人发明了二十四节气，还将一天划分为十二时辰。古埃及人则将一天划分为24小时。

说起时间，很多人觉得时间是看不见摸不着的，它和空间不一样。一幢大楼有多高，我们有真切的感受；一家商店距离我们的家有多远，我们也有真切的感受。有人说，空间能感受到是因为我们有度量空间的工具，话是不错，但我们其实也有度量时间的工具，比如我们自己的脉搏。后来，人们发明了日晷、刻漏以及钟表来度量时间。到了今天，度量时间最为精确的钟是一种原子钟——光晶格钟，它比任何度量空间的尺子都更精确。事实上，因为有了原子钟，我们放弃了传统度量空间的尺子。我们将光速定义为一个恒定的数，然后，一米的定义就是光在一秒的时间内跑完的距离除以光速。原子钟也好，石英钟也罢，都和科学家定义时间的一个出发点有关：存在着很多精确的周期运动。石英钟是利用一块石英的振动频率，而原子钟则利用对应的原子能够发出的某个光的频率。

时间在科学中非常重要，例如，牛顿力学要用到时间来定义速度和加速度，没有时间，就无法描述物理学定律。在爱因斯坦的相对论中，时间变得更加重要了，爱因斯坦发现，时间和我们日常感受到的不一样，时间是相对的。你的朋友坐一艘接近光速飞行的飞船外出旅行回来后，你会觉得他比你年轻很多，也就是说时间对于你的朋友来说过得很慢，或者反过来他会觉得你身上的时间流逝得太快了，比孔夫子在川上说的"逝者如斯夫"更快。我想有一天我们会看到这种奇迹，也就是说，你可以乘着一艘快速飞船飞进未来。当然，如果我们手边有一个黑洞，我们也能制造这个奇迹，因为时间在黑洞附近流逝得很慢，我们去黑洞附近转一圈再回来时，地球上已经过去了几个世纪。

尽管狭义相对论和广义相对论为我们揭示了时间的某些不为人知的"本质"，但在量子力学中，时间却变成了一个谜。时间在量子力学中完全不同于其他变量，例如空间。时间本身不再是一个所谓的"可观测物理量"，时间好像不是一个变量，而是一个很特殊的背景。有了时间这个背景，我们才能描述量子力学中的定律。如果将广义相对论融合进来，时间就变得更加离奇了：它彻底消失了。对应时间这个背景，我们描述的物理定律中完全没有它，或者说，我们用其他物理学变量取代了时间。也许，这才是时间还没有被理解的真正的本质。也许，这和迄今为止物理学家为什么不能理解量子引力有关。也许，在所有所谓"起源问题"中（宇宙的起源、生命的起源，等等），时间才是我们理解一切的源头。

　　以上我提到的以及我没有提到的，都在奎多·托内利这本精彩的书中被生动地讲述了。当然，他还从西方的文化传统角度来为我们讲述关于时间的故事。比如，他提到了希腊神话中的第二代神王克洛诺斯，西方常用克洛诺斯来象征时间的一种特性，即自我否定式的吞噬性。其实，中国传统文化中也有关于时间的阐述。庄子写过一则故事："南海之帝为儵，北海之帝为忽，中央之帝为浑沌。儵与忽时相与遇于浑沌之地，浑沌待之甚善。儵与忽谋报浑沌之德，曰：'人皆有七窍，以视、听、食、息，此独无有，尝试凿之。'日凿一窍，七日而浑沌死。"不难看到，混沌是宇宙的开始，而"倏"和"忽"在中文中都有时间很快的意思，庄子也许想说，有了时间之后，宇宙的面目混沌不清的状态就不会再继续了。

宇宙大爆炸38万年之后，整个宇宙变得透明起来，光可以在宇宙中自由穿行。随着宇宙继续膨胀和慢慢冷却，光的温度也慢慢变低，物质也在慢慢地聚拢，第一颗恒星被点亮了，星系形成了。在一个叫作银河的星系中，它的半人马旋臂上出现了一颗普通的黄矮星，以及环绕它运动的八颗行星。从内往外数第三颗行星，是一颗普通得不能再普通的固体行星，大约35亿年前，这颗行星海洋中的某个角落出现了第一个生命，也许就是一个简单的被蛋白质包裹的遗传物质。它的生殖能力非常强大，衍生出万千物种，其中，一种叫人科人属智人种的物种发展出了农业和科学，学会了计时，并且开始追问：时间到底是什么？

没错，此时此刻，在北京的家中，我还在思考：时间到底是什么？

理论物理学家、畅销科普书作家　李淼

2023年2月于北京燕归园

引言

埃米利奥·福莱尼亚尼在阿普阿内山区的沃尔顿采石场干活，那里出产的白色大理石举世闻名。他体格壮硕，宽大的双手被劳动磨砺得十分粗糙。他是石匠，用锤子和凿刀加工刚采出来的石块，如今这个行当已经不存在了。

他和采石场的所有人一样仿佛是石头人，和他从山里采出来的石块一样坚硬。他沉默寡言，偶尔说个三言两语。这行很危险，整日与炸药为伍，移动大石块时也要冒生命危险。要打动他这样的人可不容易。

他很少连续说话5分钟以上。难得的一次是在他去世的前一年，即1961年的春天，他讲述了那年2月15日早上8点半左右发生的事情。

冬天最冷的那几周，采石场停工，因为雪太大，到处都被冰封着。但采石场的人不会闲着，人人都有一小块地，种种土豆、白菜或是给牲口吃的饲料。

埃米利奥也在地里干活儿。经过多年辛苦的凿山挖土、清理碎石，他才在陡坡上开垦出一小块地来。当时，他正在那里走着，天色突然暗了下来，四周一片漆黑。"世界末日来了。"他想着，禁不住热泪盈眶，泪水划过他的脸颊。他双手合十，跪在地上开始祈祷。说到这里，他的眼神里依然透露着激动和害怕。一小会儿之后，太阳又出来了，重新照亮大地，一切恢复了生机，但这一小会儿对他来说仿佛是永恒。

这就是我的祖父一生中第一次也是唯一一次经历日全食的情景。报纸、电视都已谈论了好久，但消息没传到他住的埃奎伊——阿普阿内山区一个三百人的小镇，或者是他没注意到。

今天，不管世界上哪个地区预测到有日食出现，大家都会激动地期待着，从各个角度去拍摄这一现象，它的壮观远胜于它带给人们的不安。但以前不是这样，祖父的故事告诉我们，当昼夜交替、四季变换的节律突然被打破时，我们的先人会感受到多么深的恐惧。

这种原始的恐惧依然残留在我们身上。今天，如果有什么意外破坏了大自然的节律，我们就会感觉时间错乱了，担心全世界都会毁于一旦。

无论人类群体大或小，遭受意外时都是这样。如果某城市经历了一次爆炸或一场强烈的地震，居民的日常生活节奏就会被打乱。幸存者那一刻体验到的恐惧把每一秒都拉得很长很长，人们清楚记得其中的每一个细节。创伤的遭遇把千万人的生活截然断开，永远划分成了"之前"和"之后"。人也不再是原来的人，灾难在一瞬间改变了他们，无可挽回地打破了一些东西，时间的流逝似乎也变得混乱无序。充满未知的未来让他们忧虑，而永远无法过去的过去也会不停地来骚扰：创伤体验被恐慌牢牢固定在最深的情感记忆中，反复重现，令人备受煎熬。

在新型冠状病毒感染疫情期间，这种体验波及全世界。回顾这之前的生活，竟恍如隔世。我们以为最艰难的日子已经过去，恐怖已被克服，可随着感染人数再度增加，它又原封不动地回到我们面前。我们忧虑着未来到底会怎样，细数着已经被改变、可能永远也回不去的事情，发现竟然有那么多。

"这是一个颠倒混乱的时代，唉，倒霉的我却要负起重整乾坤的责任!这该死的命运的捉弄。"当哈姆雷特说出这句话时,后面的悲剧已经注定。最可怕的事情刚刚发生:鬼魂的世界和人类的世界交汇在一起。被其弟克劳狄斯谋害的父亲的鬼魂,显现在哈姆雷特面前,向儿子讲出了真相,要他为自己报仇。

可怕的罪行颠覆了既有的秩序,滴入国王耳中的毒药打乱了家族的谱系,破坏了世代的有序更替,一切仿佛在杂草的覆盖下慢慢腐坏。重任落到了不屈的哈姆雷特身上,他要重整时间的秩序,恢复事情的本真。

没有人能比莎士比亚更好地表现时间的有序流动被打破时那种压抑、狂乱的气氛。丹麦王室中弟弟杀害兄长,对血脉同胞动手,震动了一切人伦关系。这该隐之罪[1]打破了宇宙的节律,他成了人类一切暴行的始作俑者。一切都染上了恶疾,混乱和无序扰乱着社会,甚至进入了人类灵魂的最深处。时间因洒下的鲜血变成毒药,渗透进精神,威胁着所有人的生存。哈

1.指该隐杀弟的行为。该隐为《圣经》人物,杀亲者,是世界上所有恶人的祖先,所以后文称他是人类一切罪行的始作俑者。——编者注(以后除特殊说明,均为编者注。)

姆雷特甚至要疯魔才得以存活，又借他人之口讲出事实真相。当"流浪艺人剧团"在舞台上说出克劳狄斯杀害老国王之事时[1]，真相大白于天下。这无与伦比的隐喻，说明艺术具有拯救世界的能力。

四百年后的我们似乎也处于一个时间错乱的时期，我们要问出困扰了人类几千年的难题：时间到底是什么？我们能否超越它的一去不复返？能不能逆转时间的箭头？时间是真实的存在还是只是一个巨大的幻象？

要深入解析这些问题，我们首先要明白时间感是怎么产生的，我们的遥远祖先何时第一次有了过去、现在、未来的观念。不过最重要的，还是探究时间对于我们周围的事物意味着什么。

现代科学让我们能够探索宇宙最隐秘的角落。当我们分析次原子级的现象时，时间就有了与平时非常不同的性质；当我们观察星系、星系团等巨大又遥远的天体时亦然。在这两个相距甚远的层面上，让我们

---

1. 为了弄清父亲被杀真相，哈姆雷特曾巧妙地安排了一场"戏中戏"《捕鼠器》，证实鬼魂的话是真的。

着迷了数千年的稳定而规律的时间会扭曲、融化、破碎。时间和空间会像无法分开的一对，时间不再是抽象的概念，而是充满整个宇宙，会振动、会摇摆、会变形的物质。

让我们一起来探索时间的漫长历史——它的横空出世，它的奇异演变。我们会凭想象力进入时间静止的可怕之地，也会一边探索时间和能量之间的紧密关系，一边不由得赞叹这种关系如此神奇，竟能凭空生出一个奇妙的物质宇宙。

古希腊人称克洛诺斯为泰坦十二神[1]之一。克洛诺斯是乌拉诺斯和盖亚之子，因为有预言说他将被子女之一推翻，所以他将后代全部吞入腹中。克洛诺斯自己是阉割了父亲取得王位，而预言称他的某个后代将在他身上重复这一叛逆之举。不过，他的子女都是神，有不死之身，克洛诺斯无法杀死他们，只能把他们吞进肚子里以消灭威胁。这正象征了我们最深的忧虑：时间不仅会消耗、摧毁我们，还会毁灭我们所有的后

1.希腊神话中曾统治世界的古老神族。

代，以及我们以为最经久不衰的成就[1]。克洛诺斯的孩子中只有宙斯逃过一劫，因为克洛诺斯的妻子兼姐姐瑞亚骗了他，以石头代替宙斯让他吞下。后来宙斯给父亲下毒，验证了预言，取得王位，成为众神之王。

从那时起，杀死克洛诺斯的梦想就流传于世——想要停止时间，或将其从自然界的王座上驱逐。但是，我们真的能摆脱克洛诺斯吗？

1.因此，西方评论界经常用克洛诺斯来象征时间的一种特性，即自我否定式的吞噬性。

目录

第三章
朝夕与永恒

第一章
陀螺的魔力

1

掌控时间的愿望

亚科博是个壮小子，是我的孙辈中最小的一个。他浑身透着使不完的劲儿，就像个小巨人，看起来一点儿也不像18个月大的孩子。他好玩好动，对什么都很好奇，和这个年龄的所有小孩一样，什么都要拿到手中摆弄一下。这么大孩子的父母和其他长辈，通常会从玩具店买回各种多彩又昂贵的小玩意儿——很漂亮，设计得也很好——就为了促进孩子的好奇心，锻炼他们的动手能力。可亚科博通常只瞄一眼，或者不情愿地玩上几分钟，就又回去干自己的事情了。

他会被最简单的东西吸引，喜欢收集各种瓶塞、瓶盖，从起泡酒的塞子到牛奶瓶的塑料盖儿。而且任何圆柱体的瓶子他都喜欢，比如他妈妈用的润肤乳瓶子。他还喜欢形状不规则的小东西，只要能变成陀螺就行。他会试来试去地找对称轴，锲而不舍地摆弄，直到让它们转起来为止，然后着迷一样地盯着这转动不倒的小东西。从他眼中可以看出，他对自己的成就十分骄傲。他会乐此不疲地重复这项操作十几次，并且因魔法每次都发生而安心，因世界服从于自己而满足。

周期运动的完美节律对成年人也有无法抵抗的魔力。尽管科学已经揭示了其中的很多秘密，也已经开展了很多次探月工程，可我们还是会沉醉于明月爬上夜空。就像亚科博看陀螺一样，我们也兴奋地看着这个奇妙的"陀螺"围着我们转，为月相周而复始的圆缺而着迷。

在我们灵魂深处，依然回荡着人类祖先看日升日落、星辰显现、日夜交替时的惊叹。

规律运转的巨大天体催眠了我们几千年，直到几个世纪前，大众对其运动规律仍不明确。一切都早已被神化了，每种文化都为此创造出各自不同的传说，它们给同一个神起了许多不同的名字：埃及人称其为"拉"，希腊人称其为"阿波罗"，玛雅人称其为"伊特萨姆纳"。此神保证了光明的出现以及四季的更替，丰收或干旱也得看他是否发了善心。规律的雨水、大河泛滥留下的沃土，让整个部落繁荣起来。千万年来，每个农牧民族最可怕的噩梦都是太阳不再升起，日子进入无穷的黑暗。为了免除这种不幸，人们建起宏伟的庙宇，组织盛大的仪式。以献祭和仪轨崇拜掌管这节律的神祇，成了许多文明必做的维持这些周期之事。

当魔法被打破

自人类诞生之初，我们就在不断重复的规律中形成了时间感，威胁到这种完美规律的危险也会威胁到全人类的生存。于是，权力被赋予最懂历法的神职人员和占星师也就不是偶然，他们对于搞清这种规律性中隐藏的秘密最有见地。谁懂得了时间流逝的法则，谁就掌控了世界；谁能修正昼夜与四季交替不可察觉的微小偏差，谁就对人们有了巨大的控制力。

周而复始的循环是一种和谐和保证。先贤们掌握了天体运行的机密，能发现并调整时间的不规则性。他们通过周期性的历法修正来消除影响，还能预言日食、月食等不寻常的事件。他们能预言哪个夜晚月亮会突然失去光华，哪个白天太阳会黯然失色，黑暗似乎要吞噬整个世界。

精英的神秘力量由此诞生：他们掌权是因为他们懂得时间的法则。社会结构由他们去安排，因为他们让世界有了秩序——整个群体的生存都取决于此。

今天我们知道，这一切都是因为一系列特殊情况将人置于一个复杂天体体系的中心。地球以大约1700千米/时的速度自转，同时带着自己的卫星——月球，以超过10万千米/时的速度绕着太阳公转。整个太阳系也围绕银河系中心的黑洞人马座A*运行在巨大的轨道上，速度非常快，达到85万千米/时，就算这样，太阳也要花2亿多年才能绕完银河系中心一圈。最后，整个银河系也在以大约200万千米/时的速度朝着一个物质密度很高的地方运动，那里有"巨引源"，由许多星系团组成，包括星系密集、距我们约6亿光年的夏普力超星系团。让事情变得更复杂的是，我们似乎正狂奔着撞向仙女座星系。

我们感知到时间有规则的节律，它近乎完美的周期性就来自这些复杂又精巧的奇妙"陀螺"。但相对于宇宙时间来说,我们所感知的时间可视为无穷小,而在这无穷小的时间内,我们所在的宇宙一隅也显得平静安宁。最早的时间观测记录不过就在几千年前,这对演变了数十亿年的宇宙系统来说不值一提。然而,我们的无知,以及一定程度的傲慢,让我们把在这一小部分中观察到的情况推广到全宇宙,以为时间的规则流动、让我们如此安心的周期循环是整个宇宙的特征。

事实并非如此:在湍流区域,有的地方一片混沌,有的地方到处发生巨大的灾难,据我们观察,还有的地方应该有整个恒星系在超新星爆发中化为乌有,还有些遥远的星系整个被活跃星系核毁灭,这些都比我们想象得常见。这些遥远的世界挑战着我们顺滑、连续、规则的时间观。

今天我们知道了,就算在太阳系中也很容易就能打破这微妙的平衡——如果月球比现在小得多,那地球的自转轴就不会如此稳定。我们那平静的月亮充当着一个巨大的陀螺仪,稳定着地球的自转轴,将其与公转轨道平面的夹角变化限制在微小的范围之内。这对地球气候带的形成，以及热带及温带稳定的季节更替有着决定意义，由此，各种各样的动植物才得以发展，生态位才得以存续。如果月球比现在大得多，那地球上的潮汐就会更强，地球公转轨道也会受到更显著的干扰。这两种情况下，我们规则而有节律的时间观都会遭到严重动摇。

但几千年来我们都忽视了这一切。如果不是处于这个以迷人的周期节律为特征的宇宙角落，我们不会发展出共同的时间观。然而，我们沉湎于错觉，以为自己处于宇宙的中心，处在一个完美运转、永恒不变的体系的中心，因此，所有打破这种幻觉的事件都会让我们陷入深深的不安。

个体生命的时间

第一次看到乔尔乔内的作品时，我不禁屏住了呼吸。他是一位非常伟大的画家，却只给我们留下了极少的作品。他是我年轻时就最喜欢的画家之一，我在全世界的博物馆里寻找他的画作。佛罗伦萨皮蒂宫帕拉提纳画廊有一幅《人的三个时代》，站在这幅画前的感受我至今还记忆犹新。

　　这幅古典而睿智的作品向我们表达了对人生苦短的思考。画中的三人其实是同一个人的少年、中年和老年，三人似乎在友好地交谈，极其自然的样子掩盖了相隔几十年却同时出现的荒谬。画面左边，风烛残年的疲惫老人朝着我们，坚定又痛苦的眼神刺穿画面，直击观者的瞳孔："你觉得这事与你无关？你以为自己不是这画的一部分？"这是对一切虚荣的警告，它会在百年之后让另一位伟大画家备受煎熬地执着于此。

　　伦勃朗·凡·莱因给我们留下了许多自画像，包括三十幅蚀刻版画、十二幅素描以及四十多幅油画，都由他自己保留，没有一幅流入从欧洲各地慕名而来的富豪客户之手。于是，今天我们还可以看到他多么细致地记录时间的一去不复返：面部越来越松弛，眼神越来越迷茫，青筋暴露，皱纹难掩，忠实记录了生命的逐渐消弭。就这样，伦勃朗给我们留下了一系列伟大的自画像，它们就好像现在的"变脸"软件，能在几秒钟内将新生儿稚嫩的脸庞变成百岁老人饱经沧桑的面容。

觉得人生一点点过去，可能是最普遍的人类经验。它启发了每个时代的艺术家，持续至今，因为它提醒所有人：终有一死是人生最根本的特征。正如"伟大洛伦佐"在《诗集·十四行诗第四十二》中感叹的："一切事物转瞬即逝，世间财富皆为过眼云烟，只有死亡永恒不变。"

对于人终有一死的清醒认识，会加剧对时间流逝的感觉。人越接近暮年，越觉得个体生命不同于周而复始的自然现象，它更像是分段的线段，从起点经过几个阶段之后突然或缓慢地结束，并且永远结束。过去的个体时间是从指缝中溜走的生命，无可挽回。

从这微妙的躁动中诞生出了伟大的事物：思想、哲学、宗教。由于害怕一切到头成为一场空，于是最有能力的个体便努力想创作出"不朽"的作品或做出让人铭记的壮举，以期流芳百世。几百年之后的今天，我们依然欣赏的艺术杰作、最深刻的思想，都是这些有能力的个体恐惧的伟大果实。

我们的祖祖辈辈都是脆弱的凡人，在看似完美不变的大自然中度过短暂的一生，就像一枚棋子随时可能丧命。人类创造出的最美好事物都来自那个梦想：

想让这短暂的旅程留下不可磨灭的印记。很早以前，我们就将巨石围成圈或在黑暗的岩洞中画下一队动物，以此来挑战时间。为了与亘古不变的天体运行比高低，我们建起琼楼玉宇，发展出解释世界的理论。

由此诞生了哲学、艺术、科学，以及一个持续千年的信仰：死后还有来生。如果此世的生命结束后还能以其他形式继续存在，那么曾遭受的不公和痛苦就有机会弥补。这个世界的种种扭曲放到更大的框架中来看，也许就有了意义。宗教将我们每个人的生命放到更广阔的画面中来缓解我们的痛苦，减轻我们的恐惧，这就是它安慰人心的力量。

以期待"来世"为基础，产生了许多伦理体系、行为准则、禁忌避讳，这些又构成了整个文明的特征。如果某种世界观能将个体生命纳入永恒，它便可获得定义社会规则、划分社会阶层所必需的权威，整个族群都要遵守这些规则和阶层划分。通过为我们生命中痛苦的流动带来秩序来让人摆脱人生到头一场空的恐惧，并以此为基础，方能建立一种秩序，去组织复杂的群体，实现伟大的成就。

陶罐和墓葬："现在、过去、未来"的诞生

自远古就有的墓葬仪式，极好地证明了"现在、过去、未来"这种时间概念多么深地根植于我们现代人的内心。

墓穴和尸骨的发现，将我们带到遥远的文化中，虽然我们永远不可能完全重建这些文化的特征，但可以肯定的是，它们都为死后想象了一个未来。已有不可辩驳的证据表明，欧洲的尼安德特人在智人到达之前的数万年里就已有墓葬仪式。摆成胎儿姿势的骷髅、红赭石的痕迹、墓穴中的贝壳、花粉的残留物，都在向我们讲述着复杂的仪轨。在那个冰天雪地的欧洲，小型人类群落要将大部分力量用于每日的生存。寻找食物本就艰难，如果还要分一部分时间和力气出去用于下葬，就说明葬礼被赋予了极大的意义。它让集体更团结，集体哀悼等于约定了代际之间的支持：群体中的青壮年会保护老人、儿童等弱势者。

我们对这些仪式一无所知，不知道是否有巫师引领，也不知道用什么语言，说话时是否还要发出声响或有节奏地摆动身体。不过，摆成胎儿姿势、涂上血

色的骸骨让我们可以做出合理的猜测：这应该是让逝者重生的意思。死亡被认为只是一个阶段，刚刚离去的人会有一个未来，所以才要用丧服美化尸体，再配上一些小器具，帮助逝者面对新的生活。过去、现在、未来，传说和墓葬，这些形成了一个主体，最初的文明围绕它形成。这也可被认为是我们之所以为人的根本。

这种将时间组织成"过去、现在、未来"的新方式还有另一个实际标志：陶器的制作。烧制陶罐是古代史的一个里程碑，第一批容器的出现定义了人类进化的一个关键阶段：出现了发明容器来储水、保存食物的小部落，以一种新的方式安排他们周围的空间，这一变化是不可逆转的——可塑性强的黏土让他们可以造出"空间"，从而世界有了"内""外"之分，"内"可容纳，可由空变满。

对空间的重新组织也带来了时间概念的巨变：内外之分打破了永恒的"现在"。以前人们只活在眼前："反正食物多出来了，我们都吃了吧。"概念改变之后，未来成了重点，不能今天就把所有东西都消耗完，因为明天可能会需要。陶罐的出现即证明有部落在计划着未来。至今，我们仍然使用着过去、现在、未来这样的时间序列。

意大利语中的"tempo"（时间）和古希腊语中的"témno"（切分）、"témenos"（分隔）音近，而意大利语中的"attimo"（瞬间）则和"atomo"（原子）同源。一连串"瞬间"组成了现在，"瞬间"无谓长短；无数"原子"组成了万物，"原子"不可再分。而时间的微妙也没逃过古希腊圣贤的眼睛，他们用不同的词——Chrónos、Aión、Kairós、Eniautós——来指不同的时间。

Chrónos指不断逝去的"命时"，体现于阿那克西曼德所谓的"归源"：万物必将毁灭而复归于诞生之源，产生于"无限定"的各种存在都逃不过这一命运。Chrónos是我们的寿命之时、人生之时、历史发展之时。Aión是奥秘玄妙的"永时"，不生不灭，仿佛永恒地凝固在完美的一刻，也可表示"元力"，如赫拉克利特口中玩骰子的小男孩[1]。Kairós则是哲人所

1."时间是一个玩骰子的儿童，儿童掌握着王权！"——赫拉克利特

谓的"时机"，是 Chrónos 中突然显现的 Aión，就像神之信使赫尔墨斯，稍纵即逝，无谓长短。Eniautós 指年或时期，是 Chrónos 的度量，也可表示周期。

由此而来的哲学思考很快就被证明充满了陷阱和悖论。巴门尼德认为时间不过是一种幻觉，由变化而生，而存在是不变的，划分出"现在、过去、未来"很荒谬，因为现在只是一瞬，从定义上说就不属于时间的流动，而过去已经不在，未来尚未存在。柏拉图部分地解决了这一难题，他认为，只有在不完美、会腐坏的物质世界中，时间才是"过去、现在、未来"构成的序列，而在不变本质构成的理念世界中，只有永恒的"现在"。同样，亚里士多德也对此做了区分，认为天体的规律运行体现出周期性的时间，而在这时间之外还有永恒不变的"第一动力"，这个概念一直主导着西方思想，直到现代的开端。

第一个将时间归于意识的是基督教思想家希波的奥古斯丁。他说："我的灵魂啊，我以你度量时间。"他质疑"过去、现在、未来"的真实性，因为过去已不存在，未来还未发生，而现在如果一直是现在，没有变成过去，那就不再是某个时间而是成了永恒。奥古斯丁认为时间并无本质，只是一系列意识状态："时间存在于我们的意识中。"认为现在、过去、未来只存在于我们的意识中："过去的现在是记忆，现在的现在是所见，未来的现在是期望。"

公元4世纪，奥古斯丁将时间归于意识，将其简化为灵魂的延伸，这预示了现代神经科学以诸多证据让我们意识到：人类明显能感知时间，这是物种存续不可缺少的工具。

2
≡

我们的时间

和地球上的许多生物一样，人类也能清楚地感到时间的流逝。给事件排序、分出前后、搞清因果都需要这种时间感，由此我们才能趋利避害。简言之，它是我们能生存下去的重要工具。

我们身体的许多生命周期，比如心跳、呼吸、睡与醒的交替都有一个周期性的模式。对其规律性的控制几乎都是无意识的，但只要一个小小的异动，就足以触发警报。这种情况也会发生在我们周围的环境当中。和视觉、听觉等传统"五感"不一样，时间知觉没有专门的器官。估计时间、与储存在记忆中的时长对比、给事件排序、定出空间位置，这些由不同的脑区负责。这是一个非常复杂的过程，需要我们调动起整个身体和所有感官，但最重要的还是大脑的参与。

参与这个过程的大脑结构包括额叶皮层、顶叶皮层、基底核、小脑、海马体。其中，海马体还控制空间感，组织情感和记忆。

时间意识是大脑的产物，这在大脑受严重损伤的人身上得到了充分的验证。路易丝·K是一位模范员工，工作无比细致。她得过一次脑卒中，经过一段时间的休整、治疗、恢复，她又回到工作岗位上，工作起来也没有太多困难。有一天，她从工位上起身想看看日历上的某个日期，同事发现她就那么对着墙站了一个多小时，但在她自己的感觉中，这一动作只持续了几秒而已。在时钟嘀嗒的世界中，她把一上午的大部分时间都用来对着墙发呆了。

一些脑肿瘤病人和事故亲历者也会表现出惊人的时间感改变，或者干脆完全失去时间感。这些人在生活中会遇到许多困难，就连起床吃早饭、睡觉前脱衣等最简单的事对他们来说都成了巨大的挑战。任何需要搞清时间顺序的事，比如说话、走路、和别人交流，都变得不可能完成。他们的生活破碎成一系列互不相连、完全偶然的事件。

时间感

现代神经科学在理解我们感受时间的过程方面已取得了巨大进展。人们发现，记忆包含他们所体验的时间和空间，就连梦也是按时间顺序进行的。即使在我们非清醒的状态下，时间感也在起作用；即使在没有外部感知的情况下，我们的大脑也遵守感知时间的过程。为了更好地理解其基本机制，学者们对动物行为做了许多研究，甚至在昆虫身上做了实验。结论是，即使是大脑结构比我们简单得多的生物，也能分出先后、估算时长、计算间隔、组织等待。

最常见的例子是为了过冬而贮食的动物，或社会性昆虫——比如蚂蚁，它们能组织复杂的等级结构，能在迷宫一般的蚁巢中找到方向，如果没有很强的时间感和空间感，是不可能做到这些的。

还有在老鼠、鸽子、蜜蜂身上进行的一些非常有名的实验。人们发现，无论是在什么时间将食物放在什么地点，蜜蜂都会在正确的时刻飞到有食物的地方。实际上，如果完全没有空间和时间导航机制，任何昆虫都无法生存下去。在某些情况下，动物甚至已经建立起指导它们进行选择的定量评估机制(这么多/这么少)。这些都是动物进化的原始机制，因为非常有效，所以一直传到了人类。重建时间上有联系的事件序列可以帮我们找出因果联系，并预计接下来会发生什么，还有多长时间发生。时间感有利于觅食，有利于为行动做准备或逃避危险。正是基因给了我们这个非常重要的工具，我们才得以在世上生存。

在人类构建时间感时，情感和记忆起着很重要的作用，所以主观的时间可能和钟表度量的客观时间有很大的不同。诸多因素都可导致时间发生明显扭曲，安心、放松时感觉到的时间长度会比实际短；遇到坏事，比如被坏人威胁时，时间则会慢得多，焦虑会拉长每一秒。而当创伤经历固定在记忆中时，回忆起来就像看慢放一样。

当有重要约会时，大脑中的等待机制就会启动，并且会对等待时长进行预测。随着时间慢慢过去，由于还没有人出现，不安感就会渐增，大脑机制就会自动对实际等待时长与预期等待时长进行比较，并评估其差异；于是，我们就会强迫性地一直看表、看手机，充满焦虑。这时，几分钟仿佛无限漫长。

时间感让意识能够厘清外部秩序，并将其和谐地组织起来，但具体方式因人而异。个人的主观时间会不同于钟表显示的时间，因为我们的情绪可能会把时间拉长或缩短。

更耐人寻味的是已经发现的关于"现在"和"同时"的错觉。如果我们站在镜子前摸一下鼻子，就能看到食指碰了一下鼻尖，同时鼻尖也感到被触碰了，但其实二者并非同时发生。视觉信号和触觉信号在我们体内的传递速度是不一样的，且由不同的脑区处理。每个人都通过短时记忆和过往经验处理信息，最终通过意识整合，从而产生一切都在同一时刻发生的错觉。实际上，这个整合过程要花费大约半秒的时间，也就是说，我们意识到的"现在"会比真实的"现在"延迟半秒。但大脑的意识机制会对此做出调整，让我们以为不存在延迟，不然一切就乱套了。从某种意义上说，我们永远不会活在真正的现在，而是大约半秒以前的"现在"。我们所说的现在，是大脑记录并整合出来的。

半秒不是一个可以忽略的时间量。如果没有半自动机制让人在意识形成之前就采取行动，就会有麻烦。百米短跑运动员只需要十分之一秒多一点儿就能对发令枪响做出反应，因为个人天赋和不懈的训练让他们有了自动的"枪响—起跑"反应，跑出去几米后脑子才会转过弯来。看到前车突然减速我们就会无意识地踩刹车，也是一样的道理——在想明白可能会追尾之前，我们就做出了反应。我们经历的"现在"是一种复杂的人为虚构，我们的过去其实也并非想象中不变的经验集合。事实上，我们的记忆是可塑的：每当想起一件事时，我们都会以某种方式重温它，并为原始记忆添加或删除一些东西。我们的情绪，甚至某个瞬间的精神状态，都对生活体验有明显的影响。如果不是意外闻到饼干的香气，尝到浸入椴树花茶的玛德琳蛋糕，让普鲁斯特怀念起过往的种种，《追忆似水年华》中那段描绘得如此生动的往事，也许永远都要埋藏在普鲁斯特的记忆中了。

还有一种永远不会过去的过去，比如1998年上映的托马斯·温特伯格的代表作《家宴》的主角克里斯蒂安的经历。在父亲六十大寿的宴会上，作为长子的他向父亲敬酒，表达美好的祝愿。克林根菲尔德家族是钢铁巨头，富贵豪华的宴会上人人举止高雅，彬彬有礼。但是，当克里斯蒂安举起酒杯时，永远不会过去的过去席卷而来，如洪水一发不可收。空气都仿佛凝固了，在一片冰冷的沉默中，他为自己儿时遭受的暴力指责父亲。尽管出现了一些可怕的话语，但宴会还是在一种超现实的气氛中继续进行。不过有些东西还是被打破了，渐渐地，一切都走向灾难的方向。

弗洛伊德最先发现了创伤经历可以深深地刻入心灵，多年不灭，腐蚀所有的生命能量。过去的深刻伤痛潜藏在意识最深处，可能会突然重现，给人重重一击。在我们的心理时间里，过去纠缠着现在，有时还会狠咬一口并向它注入毒素。

我们和未来的关系也不简单。未来不仅是我们会有的经历、会遇到的事情。某种程度上，未来每天都伴随着我们。与未来的对话塑造着我们的日子，不管这种对话是想象的美好还是担心会有坏事发生。期待、梦想，还有藏在我们心中不可告人的恐惧交织在每天的生活中，这种混合体加上我们会经历的事情，共同构成了未来。

现在发生在我们身上的事，永远影响着甚至有时决定着我们的未来，这对大家都是理所当然的事。不过，变化也经常会出现。比如，发生意外导致未来计划泡汤；有时我们会发现，过去那段在当时被认为意味着不幸和倒霉的插曲，其实让我们达到了未曾想过达到的目标。总之，尽管问题比看上去复杂得多，但时间感无可争议地切实存在着。这也是因为在今天复杂的社会中，时间扮演着严格调控者的角色——调控着我们的所有活动乃至生活。不过以前可并非如此。

当克洛诺斯自由狂奔

1815年4月10日，印度尼西亚的坦博拉火山喷出巨大的烟柱，这次大喷发是历史上最猛烈的喷发之一，造成数万人受灾，甚至改变了全球气候。第二年（1816年）被全世界称为"无夏之年"，后来又连续出现多个极寒严冬，严重影响了粮食产量。大量的岩石、火山灰和其他物质被喷入大气层，显示了火山喷发的破坏力有多么可怕。当然，尽管后果如此严重，这些灾难也无法与小行星撞击地球相比拟。

最近的一次小行星撞地球发生在6500万年前。一块直径10千米以上的巨大陨石击中了墨西哥的尤卡旦半岛，撞击点位于今天的希克苏鲁伯村附近。我们可以通过分析全世界的土层沉积物来了解当时到底发生了什么。撞击产生了一个直径180千米、深30千米的陨石坑，将超过100万立方千米的物质抛到大气层中。巨量的灰尘遮天蔽日，几个世纪不散，导致了可怕的气候变化，造成了大型爬行类动物的灭绝。这是地球上已知的7次[1]生物大灭绝中的最后一次。

当最早的人类出现在地球上时，大灾难时代已结束很久。规律的日夜交替被灾难打断几十年的事情，连我们最遥远的祖先也没有经历过。历史上许多国家都记载过火山喷发导致天空被遮蔽，白昼变黑夜，但它们一直被当作孤立事件，一旦一切恢复正常就会被忘记。我们所属的灵长类动物习惯了生活在规律有序的体系之中，这在我们看来是稳定不变的。

在遥远的过去，人类并不需要度量时间。几千年来，我们以狩猎采集为生的祖先都以日夜交替、四季轮转等自然节律来组织生活。太阳、月亮、行星就像巨大天体钟的指针，划分着他们的生命——占据太阳

---

1. 一般说是5次，也有说6次，7次的说法很少见到。——译注

系第三条轨道的行星绕太阳一周的同时会完成大约365次自转。与此同时，诸多更神奇的因素导致月亮在此期间会有12次左右对地球的居民展现出圆满明亮的面貌。这些伴随了我们世世代代几千年。

在那些遥远的岁月中，时间是按月相排列的日子和规则轮回的四季。人们日出而作，饿了就吃，只要有足够的食物——但很少能有足够的食物；当夜晚来临时，人们开始休息。进化产生的生物钟完美匹配了自然节律。许多生物和人类一样依照昼夜节律来活动：含羞草会在黑夜来临时合起叶片，在清晨的第一缕阳光下展开叶片。

神奇的是，就算一直处在黑暗之中，含羞草也依然保持这种节奏，几乎没有变化。这就证明了某种节律的存在，也就是说，对于含羞草，不管有没有光线变化，都有一种内在机制——一种由基因决定的生物钟在起作用。

地球上所有生物都以某种形式适应了地球自转产生的昼夜变化。进化为细胞的生化机制选择了计时基因，这些基因植根于我们祖先的生活，使其按照一天24小时的昼夜节律进行。有人认为，这种周期性模式对于原生生物的进化有利，因为这让它们可以避开阳光的高强度紫外线辐射来复制DNA。的确，有一些真菌就只在夜间复制遗传物质，不过我们还远没有理解其中的所有奥秘。地球上最古老的生命形式之一、起源于35亿年前的蓝藻已被证实拥有昼夜节律生物钟。

人类为了顺应昼夜节律产生某种生理节律。生理节律是一系列复杂的过程：产生或抑制褪黑素、分泌皮质醇、调整体温及其他心血管系统相关指标。心血管系统正是按照一天24小时的节律来运作的。我们的身体里有几十亿各类细胞，它们都含有同样的遗传信息，但都有自己的特定性质。中枢神经系统就像乐团的指挥，协调所有细胞的活动，保证不出现严重紊乱。

人类生理节律的运行机制非常复杂，但毫无疑问，在生理上我们被设计成昼伏夜出的动物，白天比晚上要活跃得多。我们的行为、新陈代谢、身体运作都和这个24小时的周期同步。我们的眼皮是半透明的，在闭上时也能有大约20%的光线透过，从而建立一种关于明暗的神经信号机制。就算在睡觉的时候，我们的视觉器官也在和中枢神经系统沟通以调节生理节律，使之同步于睡眠—苏醒周期。这就是为什么阳光透过窗户照进房间时人会突然醒来，哪怕他十分劳累困顿。

杰弗里·霍尔、迈克尔·罗斯巴什、迈克尔·杨三位科学家正是因发现了控制人类昼夜节律的分子机制而获得2017年的诺贝尔生理学或医学奖。

总之，在很长一段时间内我们自己就是时钟。今天，每当我们因上夜班或洲际旅行而打乱内部时钟时，它一定会以各种不适不断提醒我们。

约束克洛诺斯

有了影子，再用小石子做标记，便能比较准确地知道还有多少时间可用。我们不知道第一个想到利用棍子的影子的人在哪里，以及他是在做什么时想到的。也许他是一个走得离居住洞穴太远的采集者，或者是一个正在寻找新牧场但担心夜里找不到归路的放牧者。也许从无法追溯的远古时代开始，人们就通过观察太阳在天空中的高度来估算夜晚还有多久会来临，因为危险会随黑暗而生：树林会变成大型夜行捕食者的王国，归途中也隐藏着埋伏好的敌人。

对克洛诺斯最早的约束来自日晷和历法，这比机械钟早了几千年。它们随着农业革命、贸易的诞生、最早的城市和伟大文明的形成广为传播。新的种植方式让人口众多的族群可以累积食物和资源，前提是他们跟随季节的变化，预见大河周期性的涨退进行播种和收获。于是，月相变化、冬至夏至、草木枯荣就奠定了人与时间的新关系。

在许多文化中，历法的建立都与创世相连，因为要为时间的开始确定一个日期。对玛雅人来说，这个日期是公元前3114年8月11日；《圣经》的创世日则是公元前3761年10月6日，遵循传统历法的正统犹太教徒至今仍以这个日子为创世日。最早的计时工具是一种简陋的日晷——见于公元前1500年前后的埃及文献记载——它利用柱子或方尖碑的影子来计时。另外，古人还发明了水钟和沙漏来计时。太阳在天空中升起落下、天狼星的出现、月亮的周期圆缺，这些都构成了早期历法的基础。古埃及人认为一年始于6月20日，这是尼罗河洪峰到达古埃及都城孟斐斯的日子。他们还将一年分为三季，分别是涨水季、落水季、收获季，每季又分为4个月。

从公元前2150年起，古埃及人就把夜晚分成若干部分，而将1天等分为2份，每份12小时。将一天分为24等份的做法，可以追溯到公元前8世纪的迦勒底人和亚述—巴比伦人，将1小时分为60分钟、将圆周分为360度也是他们发明的。

从公元前2000年起，亚述—巴比伦人就使用一种月亮历，一年共12个月，一个月29或30天。每个月的满月日和新月日都要庆祝，于是每个月自然就按月球周期分成四个阶段。公元前1800年前后，汉谟拉比时期出现了第一阶段第七天的祭祀，后来又有了第三阶段初的庆祝，一周就这样诞生了。这一切都通过曲折的过程一直传到今天，首先传给了犹太人和希腊人，然后随着罗马的强大传到罗马帝国的各个地方。

据神话传说记载，罗马历法是罗马建城者兼第一任国王罗慕路斯创立的。实际上，以公元前753年4月21日作为罗马诞生日，是共和国鼎盛时期即凯撒时期的大学者马库斯·特伦提乌斯·瓦罗定下的。此后的纪年也以罗马诞生日为起始，符号是Auc.（ab urbe condita[1]）。第一次大型历法改革要归功于凯撒，其历法被称为"儒略历"，取自凯撒的名字"尤利乌斯"[2]。

公元纪年则是以耶稣基督的诞生为起始，于公元525年由斯基泰僧侣、圣经专家、天文学家、数学家狄奥尼修斯·伊希格斯创立。后来，伊斯兰世界也以穆罕默德离开麦加去麦地那的那一年——公元622年作为伊斯兰纪年的元年。现今使用最广泛、通行全世界的历法是"格里历"，它是从修改"儒略历"而来，由教皇格列高利十三世于1582年颁行，并由欧洲人带到其他各大洲。

英文"clock"（钟表）一词源自德文"glocke"（钟声），盖因在中世纪早期的欧洲，人们几百年间都靠教堂和修道院的钟声来安排生活。钟声划分日夜、宣告庆典、叫醒村镇开始一天的劳作，也预示着日落，提醒每个人回家。若钟声急促，那是在呼叫大家赶紧来灭火或御敌；若钟声悠长，则是让大家为临终之人祈祷。它如此深入中世纪的城镇生活，产生的习

1.拉丁文，意为从罗马建立开始。——译注
2.Iulius，"儒略"是不同音译。——译注

俗甚至在钟表出现后又延续了数百年。

到了中世纪晚期，随着城市的翻新和经济的发展，制造更精密的计时器成为一种必要。商人的时间逐渐取代了教堂的时间。

早期的钟表是真正的艺术品，也是人类智慧的杰出体现，但要不断调校才能保证正常运行。它们嵌在市中心广场的钟楼上，自动人偶会出来报时，提醒人们一天中的重要时刻到了。它们如此奇妙，以至总能引人围观赞叹——大部分是孩子或是从乡下来的农民。不过，它们也会成为妒忌和冲突的象征。当时，战争中获胜的一方洗劫城市时会把钟抢走，并当作战利品展示炫耀。今天，法国第戎圣母院的钟楼上还陈列着一座机械钟，据说是欧洲第一座机械钟。它本是14世纪佛兰德斯的科特赖克[1]制造的精巧机械，却在1383年勃艮第公爵、"勇敢者"菲利普二世攻占佛兰德斯时被卸下并移到了其首府。

最早的齿轮机械钟利用擒纵器将摆锤的摆动转化为齿轮的转动。时间被表示在圆形表盘上，让人可以

1.今比利时西佛兰德省辖市。

看一眼便知过去了多少时间、到一件事结束还有多少时间，更好地利用循环交替的日夜。

机械钟表的精确性让精确地划分时间成为可能，满足了商业交流日渐频繁的社会。手工业作坊成了早期机械钟表的主要制造者，在整个欧洲推动了需要更精确计时的商业活动。

17世纪末，钟表出现了分针，不久后，更精巧的钟表有了秒针。伽利略最初的几个实验还是以脉搏来计时的，后来，他用了一个水钟，成功地达到1/10秒的精度，足以对小球从斜坡滚下进行运动动力学分析。他自己对钟摆摆动等时性的研究，也促进了新的和先进设备的发展，这些设备被用来提高天文观测的准确性，并成为导航的基础。更精确的计时器让人可以在外海上更好地确定经度，这对随大航海兴起的海运来说是成功的关键。

克洛诺斯的胜利

工业革命的到来标志着时间的胜利，它无处不在，渗透到生活的方方面面：安排工作时间、划定工间休息、确定下班时间、计算劳动报酬。曾梦想约束住克洛诺斯的人类惊恐地发现，实际上他们只是约束了自己。成千上万的钟表出现在工厂和城市的公共场所，然后进入家庭，成为不可或缺的个人用品。它们最早从绅士们的口袋中探出脑袋，最终爬上每个人的手腕。各种各样的计时器被安装于工作、交通和通信工具中。时钟决定着手机、电脑、卫星等设备的处理器周期。一切都按照钟表定下的节奏运行。我们起床不是因为睡饱了，而是因为闹钟响了；我们吃饭不是因为饿了，而是因为饭点到了；我们睡觉不是因为累了，而是因为时钟告诉我们该睡了。

克洛诺斯在现代社会中取得了绝对的胜利。日常事务中的时间概念预设了一个统一的时钟，它嘀嗒嘀嗒地走着，不受任何影响，精确而有规律。如果我们早上起晚了，匆匆忙忙赶到办公室时，我们的手表或手机显示的时间和领导在办公室看到的时间是一样的，他可能正不解地看着你空空的工位。那一刻，无论是一个穿过云层的飞机飞行员，还是一群成功登顶的登山者，如果他们也在看表，那么这个时候他们看到的都是相同的时间。

我们也知道，从罗马飞到纽约必须要考虑二者之间有6个小时的时差。刚到的几天，饥饿和困意都会在错误的时间袭来，这是身体在提醒我们，地球被理想化地划分为24个时区，每个时区各有不同的时间，不过一旦适应也就再无大碍。毕竟，每个时区的时间都是相对于格林尼治时间来确定的，格林尼治时间便对应着那个想象中指挥着世界上所有钟表整齐划一走动的统一时间。

可见，我们认为时间是绝对的，它的流动在地球、月球、火星及宇宙其他任何地方都是一样的。我们在潜意识中想象有一个中心定义了宇宙万事万物的同步节律。

这种想法广为流传，艾萨克·牛顿为其奠定了理论基础。这位伟大的英国科学家在1687年写下了他的名言之一："绝对的、真正的、数学的时间自身在流逝着，而且由于其本性而均匀地、与其他外界事物无关地流逝着，它又被称为时长。"

为了描述运动定律，牛顿必须将空间与时间想象成绝对公理；拥有永恒不变、不被干扰的背景，所有运动都在这个背景中进行。描述时间的参数 t 及其变化——代表一小段时间的dt，都必须独立于所有东西。空间和时间因此就变成了两个容器，永恒不变，永不损坏。宇宙中所有事情都在这个不变场景中进行，它仿佛无动于衷地凝视着一切。牛顿的时间是绝对时间，完全独立于宇宙的物质，因此与牛顿同时代的哲学家乔治·贝克莱指责他再次将玄学引入科学。绝对时间意味着事件的共时性，相距很远甚至无穷远的两件事也可以被定义为在某一确切时刻同时发生。

这是我们最熟悉的时间观，它让我们可以利用时间，先保证我们这个物种的延续，再让我们这些奇怪的猿人占据地球上的每一个生态带。但正当我们以为掌握了时间，将其分得越来越细碎时，它又再次从我们手中溜走。

绝对时间的概念受到了现代物理学的严重质疑。正当时间取得了最大的胜利，社会节奏都被克洛诺斯掌握，时间的度量似乎也可以无限精确下去时，时间本身却遭遇了危机，摇摇欲坠，扭曲弯折，最终碎成了千万片。

第二章

时间停止之处

3

奇怪的一对

"坐在美女身旁，两个小时也像一分钟；坐在火炉上，一分钟也像两小时。这就是相对论。"这是《纽约时报》引用的爱因斯坦名言——尽管没有直接证据表明他真的说过此话。这句名言之所以经常被引用，是因为其很能激发集体想象，但其实它与改变我们时间观的理论毫无关系。

牛顿的绝对时间在建设越来越复杂的人类社会方面发挥了很好的作用。以无数时钟来同步我们的活动，最终让我们有了数十亿同类，并且遍布地球的每一个角落。但这伟大而精妙的概念也因为一个貌似无关紧要的细节而轰然倒塌。这一细节就发生在20世纪初一些科学家试图更好地理解电磁学之时。

其中，爱因斯坦第一个意识到，如果人们继续将时间看成是绝对的，即与物质没有任何联系，而由速度恒定、独立于一切、不受外界任何影响的时钟决定，那我们就会陷入错综复杂的矛盾。

融化、破碎的时间

对牛顿和伽利略来说，事情很简单：如果站着扔石头时，石头相对于地面的速度是30千米／时，那骑着速度为50千米／时的马以同样力量扔出同一块石头时，石头相对于地面的速度就是80千米／时。就这么简单，任何人都可以验证。这被称为速度加成。

但是，如果骑马的人扔的不是石头而是光子，换句话说，如果他点亮一支手电筒或发出一小束激光，那事情就彻底改变了。运动物体产生的电磁现象充满陷阱，因为光在真空中的传播速度是恒定的，永远都是c，没有什么能比它跑得更快。

在这一点上，我们陷入了两难的困境：要么放弃光速恒定的假设，要么承认骑马者的时间和空间被扭曲了。只有这样，我们才能解释尽管激光发生器以与马相同的速度运行，但是光的传播速度并没有增加——每秒走过的距离还是一样的。从外部看，骑马者的空间被压缩而时间被拉长了，也就是说同样的表在他的手腕上比在通过望远镜观看他比赛的人的手腕上走得要慢。

这让人感到诧异又困惑，因为我们从未见过这种事，但如果我们能以医院的X光机发出的电子的速度运动，就不会如此惊讶了：看到周围的一切发生变形将会是我们经验的一部分，发现各个钟表显示的时间相去甚远也不会感到奇怪。但没有人有过这样的经历，因为我们太重了。

相对论给了牛顿的绝对时间一个极其沉重的打击。时间不仅不再是固定不变的，而且不再独立于空间。时间和空间紧密相关，二者都取决于物体的速度。在外部观察者看来，时间在运动方向上被拉长而空间在运动方向上被压缩，而且这两种现象紧密相连，因为只有这样，光速才能在所有惯性参照系中保持不变。对于宇宙中所有可能的观察者来说，不再有一个统一的时间。

其后果令人震惊：在某个参照系中同时发生的事件，在另一个参照系中可能就不会同时发生。牛顿的绝对时间就这样被分解成无数个局部时间，打乱了我们想象中的那个有序而自洽的体系。运动中的观察者看到的一系列先后事件，在局部可能是同时发生的。

这种先后顺序的差异可以大到什么程度？未来会先于过去吗？因果律是否也可以推翻？

还好这些都不会发生。先后、因果之类的顺序不会被打破。任何远远看着地球的观察者，都不会先看到我和儿女们玩耍，再看到我父母之间的第一个吻。这种保护也来自光速不可超越，任何东西的速度都不能超过c。如果在看见原因之前看见结果，比如在看见克里斯蒂亚诺·罗纳尔多射点球之前就看见球进了，那就意味着进球这个动作是超光速发生的。这是相对论不允许的，就算是最好的球员也不行。这一限制导致在任意惯性参照系中每个观察者都必定会先看到原因再看到结果。

狭义相对论的另一个结论是，对于有质量的物体，光速c是其速度极限。只有没有质量的东西，比如光子，才能以光速运动。有质量的物体或粒子可以无限接近光速但永远不可能达到光速。如果持续对物体加速，它的能量会增长，表现为速度增加，但当速度无法继续增加时，给物体的能量就会变成质量。接近相对论性速度时，任何物体的质量都会激增：能量和质量其实是一体两面，$E=mc^2$。

好像这些打击还不够狠，10年之后，爱因斯坦又打出第二击，也是致命的一击。

狭义相对论中的时间和空间紧密相连，不可分割，形成一个连续的四维结构，即所谓"时空"。这一新概念的首次陈述来自年轻的立陶宛裔数学家赫尔曼·闵考斯基。1908年9月21日——也就是他因急性阑尾炎去世的前几个月，在科隆举行的"德意志自然科学家与医生大会"上，闵考斯基介绍了自己的想法。他很明确地指出了"时空"的结果："从此以后，单纯的时间和单纯的空间都将不复存在，消失得只剩残影，只有二者的结合才会保有独立的真实性。"传说在临终的病床上，在腹膜炎造成的阵阵剧痛的间歇，他还在做笔记、演算，以发展自己的理论。

融化的钟

利加特港是西班牙加泰罗尼亚的一个小村庄，距离西法边境只有几公里。1930年到访时，达利就深深喜欢上了那里，他买下了一座渔民的小房子，和加拉一起搬到那里生活。加拉是他对伴侣及灵感缪斯埃莱娜·伊万诺夫娜·迪亚克诺娃的爱称。两人都和超现实主义有着很深的渊源，加拉在和达利在一起之前曾是诗人、作家安德烈·布勒东的妻子，正是他于1924年开创了这一艺术流派。超现实主义者深受弗洛伊德心理学著作的影响，在作品中着力表现潜意识世界，发展出了无意识技法，画中仿佛梦境，以抵抗理性对表达的控制，让梦的灵感自由发挥。

1931年，达利在面向大海的家中画了一幅小尺幅画，面积只有24厘米×33厘米，这幅画后来成了他最著名的画作之一。画的背景是利加特港的海景，荒凉的沙滩上，礁石沉浸在一片透明而伤感的光线中。前景中有一个几何形状的东西、一棵枯树、三个软化变形的钟，它们好像还在走着，每一个都显示着不同的时间。还有一个倒扣的钟，上面爬满了蚂蚁。地上有一个不甚清楚的形状，可能是画家侧面自画像的一部分。很长一段时间内，这幅画的标题都是"融化的钟"，后来达利自己将其改成"记忆的永恒"，今天，该作品就以此名在纽约现代艺术博物馆展出。

数年后，达利半开玩笑地解释这幅画的由来，说"融化的钟"是某天晚上和加拉一起吃饭时想到的。那天，两人享用了上等的法国卡芒贝尔奶酪。拿起画笔和调色盘之前，他对这种著名奶酪柔软的、近乎液化的外形研究了很久。在1935年冬季发表在《牛头怪》杂志上的一篇文章中，达利说道："时间是最典型的虚幻、超现实维度。"这和闵考斯基去世几个月前所说的话如出一辙。达利一直对科学上的新进展感兴趣，他阅读了关于相对论的科普文章，还曾想和爱因斯坦见面，就像和弗洛伊德见面一样。尽管会面从未发生，但达利生活的时代，确实是相对论的相关发现和知识超越专业小圈子的时代。

1915年，爱因斯坦从闵考斯基的四维时空出发，扩展了自己之前的模型，创立了广义相对论：质量和能量扭曲了时空，这种扭曲产生的效果就是我们所说的引力。

只要是有一定能量或质量的地方，时空便会被扭曲。扭曲的程度取决于能量或质量的大小，当时空发生扭曲时，周围的物体会遵循扭曲形成的新几何体来运动。拥有巨大质量的太阳扭曲了四维时空，形成一个类似"洞"的东西，地球便围绕它运动。这是看待牛顿万有引力的新方式。

广义相对论不止这些，因为时间也会发生扭曲。通过扭曲时空，质量和能量也在局部改变了时间的流动。空间扭曲得越多，时间就越膨胀。大质量附近的引力场越强，时间流动得就越慢。

牛顿的绝对时间化作了万千微尘，无数局部时钟组成了一只万花筒，不仅不与其他事物同步，而且一直在变化。宇宙中每一点都有特定的扭曲程度，具体曲率取决于每一时刻整个宇宙相对于这一点的能量和质量分布。时间在宇宙中的每一点都以不同的节奏流动，这种流动随位置和时刻的变化而改变，并由整个宇宙动态变化的能量和质量分布来决定。

广义相对论给了牛顿的绝对时间一记绝杀，让它从此倒地不起。

非凡的精确

但为什么这一切我们从未发觉？因为在日常生活

中，这种相对差距实在太小了。没有人能以接近光速的速度运动。30万千米/秒的速度实在太快了，快到我们都没什么概念。也许说成10亿千米/时我们能更清楚一些：以这样的速度1秒就可以绕地球7圈多，或者飞到月亮上去。

国际空间站（ISS）的宇航员以28,000千米/时的速度绕着我们运动，但就连他们也不会受明显相对论效应的影响。因为高速运动，他们每在空间站待1年，就会使生命延长10.4毫秒，但因为空间站在离地表408千米的地方，那里的引力场更弱，时间过得更快，所以每年会少1.4毫秒左右。总体算起来，每在轨道上过1年，就会多出9毫秒的生命。意大利宇航员萨曼莎·克里斯托弗雷蒂已经在国际空间站待了6个多月，所以她多得了大约5毫秒的时间。不过计算归计算，要验证这一多得的时间却很难，因为在轨道上，宇航员的身体要经受宇宙射线和微引力带来的很多考验，这对身体的伤害肯定超过了相对论带来的好处。

如果相对论效应对于我们能造出的最快的宇宙飞船都如此微弱，那对于日常生活的各个方面就完全可以忽略不计。不过最近几十年，我们已经可以非常精确地测量相对论效应，并详细验证爱因斯坦的预测。

周期性现象一直被用来度量时间：脉搏、太阳东升西落、钟摆的振荡等。在时间度量史上，从钟摆式机械钟到石英钟再到原子钟，随着度量所用物理现象的频率越来越高，度量精度也越来越高。20世纪初的科学革命为我们提供了探索和理解原子系统特征现象的工具。正是在原子系统中，我们找到了频率极高的周期变化，其节律比之前用于计时的任何自然现象都更加规律和精确。

最早的原子钟于20世纪50年代前后被研制出来后，很快就成为度量时间最准确、最稳定、最可复制的工具。

将稀有金属铯的原子冷却到接近绝对零度就可以获得非常精确的周期性振动：在合适的外部刺激下，铯原子的电子会不断改变能级，然后再迅速恢复到原来的状态。其跃迁频率是如此精确，以至在1967年，科学家们决定以此来重新定义秒。要了解量子跃迁的情况，只需记住，一个好的石英钟一年会有几秒的误差，而原子钟几百万年才会有1秒的误差。最近还出现了一些实验性原型，它们150亿年才会有1秒的误差——150亿年比宇宙的年龄都长。

进一步提高时间度量精度的努力还在不断进行着。为什么会如此执着？因为在物理学历史上，每次找到一种更精确的时间度量方式，就会有其他的基本发现。比如，有些人就想要借此验证物理基本常数是不是真的恒常不变。新设备的极端精度也让我们可以验证电磁学、引力、量子力学的基本原理。

美国科学家大卫·维因兰德走在这项研究的前沿。他和法国科学家塞尔日·阿罗什共同获得了2012年的诺贝尔物理学奖。维因兰德想利用陷俘离子在超冷系统中极快、极稳定的转变，借助量子力学性质制造出比最好的原子钟还要精确的时钟。

其研究十分有前景，甚至可以做到几十年前无法想象的测量。维因兰德用他的量子钟测得了设备升高几十厘米时引力场的减弱。这也可以算是圆满了，因为在用空间度量时间几千年后，现在我们也可以用时间度量空间了，即利用广义相对论引起的微小时间差，我们可以测量出桌子上物体的高度。

用相对论赚钱

利用第一个原子钟的精度，我们可以详细验证爱因斯坦提出的时间效应。狭义及广义相对论预言，同样的钟在两架相对飞行的飞机上走时不一样，在都灵和在海拔3250米的阿尔卑斯山的罗萨高原上走时也不一样，这些都已被观测到。

而对全球通信系统的发展而言，修正相对论效应引起的时间误差更是无比重要。当1915年爱因斯坦写出广义相对论时，没有人会想到100年后谷歌能利用它赚得盆满钵满。

我们的地球被许许多多各种用途的卫星围绕着。有一些卫星让我们可以打电话、接收世界各地的电视信号，有一些用于观测气象或给世界上各个地区拍照以探测资源、预防火灾，还有一些则是太空军事情报体系的一部分。有一些特殊卫星构成了卫星网络，来监测交通工具的移动，保障航空航海的安全。有一些卫星提供全球定位系统服务（GPS），让我们可以在地图上看到车辆或手机的位置。这张全球卫星网由几千颗卫星组成，它们位于高300到36,000千米左右的轨道上。后者正是同步卫星的轨道，这种卫星绕地球一周刚好24小时左右，所以它在天空中的位置看起来是固定不变的。近年来，又有了利用微型卫星网络让世界上任何地方都能接入互联网的计划，因此，同步卫星的数量也势必越来越多。

在如此复杂的系统中做到通信同步是一个相当大的技术挑战，而且人们很快就发现，要做到这一点必须要修正时间的相对论性误差。卫星在轨道上高速运动，且处于相对于地面基站更弱的引力场中——这两个因素导致必须要做一些修正，否则许多功能都无法实现。尤其是定位功能，因为所有定位系统都基于无线电三角测量，如果不修正各个位置的信号到达时长，目前的精度（在军用系统中甚至能精确到几厘米）就会大大下降，那这个昂贵的系统也就完全失去了作用。

目前的GPS系统基于由31颗卫星组成的网络，分布于20,000千米高的近圆形轨道上，其分布使得任何时刻从地球上任意地点都能看到至少3颗卫星。通过精确测量卫星发出的无线电信号到达接收器的用时，可以用三角测量法定出接收者的位置。每颗卫星上都载有原子钟，并以非常精确的方式进行同步。因为要使GPS发挥作用，需要考虑很多因素，其中就包括相对论效应。卫星围绕地球运动的速度会导致每天慢大约7微秒（1微秒即百万分之一秒），而较弱的引力场则会导致每天快大约45微秒，因此总体快38微秒。如果不修正这快出来的38微秒，那一天就可以差出几千米，系统也就无法使用。总之，我们每次使用谷歌地图时都要怀念一下爱因斯坦，没有他，也许我们永远都见不到约好的人，找不到好朋友推荐的那个隐秘小馆。

大哲学家和小红帽

在成为科学研究的对象之前，时间和空间的关系从古典时代起就已经是哲学思考的重中之重。卢克莱修的《物性论》就曾明智地断言："若与事物的运动分离，时间便无从说起。"而事物的运动正是在空间中进行的。没有人探索过时间之外的空间，也没有人测量过空间之外的时间，所有时间测量都必然在空间的某处进行。不考虑空间而构建时间是不可能的。

然而，以前对这种联系的认识一直显得很微弱，与我们今天的认知非常不同。因此，以我们今天的知识来看，昔日伟大思想家之间的雄辩似乎只在于深海微澜了：关注表面的波动，集中于无限的细节，却对波澜之下涌动的深渊毫无了解。

伟大的哲学家、科学家、与牛顿同为"微积分之父"的戈特弗里德·威廉·冯·莱布尼茨也曾论说过时间，不过他一直不相信牛顿的绝对时间说，并对之进行了激烈批驳。莱布尼茨认为，时间代表先后秩序，而空间代表存在秩序。对他来说，不可超越物质、真实存在的世界及思维来谈时间和空间。这一立场非常现代，却遭到了康德的质疑。康德将时间和空间归于"先验"，从而支持了牛顿的概念，这一概念一直主导着现代科学，直到20世纪初。在此之前，就连史上最敏锐、最严谨的头脑，也未曾大胆设想过时间与空间的结合是如此紧密，甚至形成一种新的物质结构。

爱因斯坦带来的改变是彻底的，旧框架从此被打破，一去不复返，就好像卢齐欧·封塔纳用史丹利美工刀划破《空间概念》的画布一样。封塔纳以此告诉我们，画布之下还隐藏着另一个维度，一个在传统画作中完全看不到的维度。相对论也一样，让我们瞥见了更深刻的时空联系，而那些发现让我们无比惊讶。

人们不能设想没有空间的时间或时间凝固的空间，但还有更深层的东西有待发掘：时间和空间紧密相连，分开了就什么都没有了。时空不可割裂，其联系是本质的、原生的、不可消灭的。

更令人惊讶的是，时空也不能与质能分离，它们都是我们这个宇宙的基本组成成分，并深深地交织在一起，无法想象它们会独立存在。时空是一种物质结构，会变形、振动，并能向很远的地方传播能量。质能决定了时空如何扭曲，而时空决定了在其中的物体如何运动、时钟如何走动。

牛顿以其绝对时间将我们放在了一个精妙的、完美统一的机械中心。这个巨大而复杂的机器掌控着宇宙的运动，所有部件和谐、平衡、步调一致，让我们感到安心。但现在，这一切都被打碎了，变成了一个高度混沌的体系，秩序和规则在本质上也变成了局部的、暂时的。宇宙中的任何一个事件，都被困在自己的光锥之中，限于自己局部的过去、现在、未来，经历着与其他所有事物都必然不同的时间。完美的机械破碎成千万片，就像一只巨大的万花筒。

这令人茫然，但也不禁让人想起约翰·多恩在1611年写下的著名诗句："一切都已破碎，所有的关联都已消失。"这个与莎士比亚同时代、伊丽莎白时期的诗人，以此表达了哥白尼和伽利略的新科学给他带来的惶恐，因为这种新科学动摇了几百年来都被奉为圭臬的宇宙认知。

一说到时间流逝，人们自然就会想起赫拉克利特的河流之喻："人不可能两次踏进同一条河，也不可能两次触碰同一状态的会死之物，变化的迅速导致聚聚散散，来了又去。"而爱因斯坦的"时间之河"却炸裂成无数的独立时间。不过，几千年来我们可以忽略这一切，因为我们是宏观物体，生活在恒定的引力场中，以微不足道的速度运动着。总之，现代物理学让我们了解到时间问题下隐藏着矛盾交织的迷宫。为了走出去，我们要理解时间是如何在远离我们的世界里运行的：在粒子加速器才能探索的极微小尺度上，以及在最强大的望远镜才能观测到的巨大维度上。

就像小红帽一样，我们要穿过危机四伏的森林。出发时也许会惶恐，但也向往着不断有新的发现。也许我们会深陷概念织成的密网，也许还会遭遇危险，也许要靠勇气和毅力去面对让我们晕头转向的景象，也许会迷失而找不到回家的方向。更让人不安的是，我们清楚地知道没有猎人来保证完满的结局。不过，虽然我们会远离日常生活中令人安心的确定性，但等我们到达冒险的终点，就会收获一种新意识，它会让我们变得更强大。

拿上你的小篮子，披上红色的小斗篷，和我们去林中一探究竟吧。

4

时间长史

现在我们知道，在很久很久以前，时间和空间就携手同行了，但它们并非一直存在。时空是在不到140亿年前和质能同时诞生的，其过程非常激烈。如果不怕自相矛盾，我们甚至可以说："曾有一段时间没有时间。"

圣奥古斯丁等天主教会的教父曾深入论述过"时间之始"这个课题：时间是从"无"中创造出来的。这一理论完全符合上帝是造物主的理念。圣奥古斯丁对反对意见的讽刺回应总让我十分欣赏，这位希波主教自问自答："上帝在创造时间之前在干什么？他在想如何惩罚胆敢提出此问题的人。"

古希腊的思想家却并不太关心时间的起始，他们认为世界是循环的，周而复始。不管是柏拉图还是年轻的亚里士多德，都认为酷暑、暴雨、地轴角度改变等会导致周期性的灾难，这些灾难迫使文明毁灭再重生，把之前的路再走一遍，直到下一次大灾发生。它们是相当广泛的愿景，斯多葛主义者通常以36,000年或72,000年为一个周期，认为在固定的日子里，整个世界会被大火烧尽，然后一切从头再来，和之前一模一样："将会有一个新的苏格拉底，一个新的柏拉图，每个人都会和原来一样，有相同的朋友和同胞。"

圣奥古斯丁打破了这种循环说，认为人类的时间只是永恒中的一小段，时间随创世开始，随最终审判结束。20世纪初的科学家也不太关心时间的起始。在某种程度上，时间被认为是理所当然的，就像宇宙、物质、能量一样。直到发生了下面提到的两件事，这个问题才开始重要起来，最不愿接受的人也开始考虑那个惊人的想法：时间可能和宇宙一样，也有一个开始。

时间之始

1927年，年轻的比利时物理学家、天主教神父乔治·勒梅特给出了爱因斯坦方程关于时间的一个解。在他的解中，宇宙的时空在膨胀，最遥远的星系在后退，离所有东西越来越远，而且离得越远，后退的速度也越快。像倒放电影那样逆推膨胀，他得出结论：一切都应该诞生于100亿到200亿年前，始于一个极小又十分奇异的点——一个原初的原子。这是现代大爆炸理论的雏形。

当年轻的美国天文学家埃德温·哈勃开始用威尔逊山天文台的世界上最大的望远镜记录星系视运动数据时，他完全不知道勒梅特的推演。但他的观测结果毫无疑问也是一样：所有的星系都在渐行渐远，并且离得越远，后退的速度越快。今天我们知道，这不是星系在运动，而是时空在膨胀。哈勃于1929年公布了自己的观测结果，让原本持怀疑态度的爱因斯坦也相信了勒梅特的说法：时空有诞生之日。广义相对论形成十多年后，爱因斯坦方程严谨而优雅地描绘出的宇宙，变成了一个巨大的系统，它有起始并且一直在膨胀。物理学被永远地改变了。

从此，现代大爆炸理论突飞猛进。20世纪的宇宙学能细致地再现宇宙的发展过程，因其能十分精确地测量宇宙中最巨大部分的结构特征。通过观测几十亿光年外的星系和星系团，我们可以像看"现场直播"一般看到属于遥远过去的景象。

最丰富的信息来源之一是宇宙微波背景辐射（Cosmic Microwave Background，缩写为CMB）。各个方向上都有低能光子的均匀流动是大爆炸理论最重要的预言之一。1964年，阿诺·彭齐亚斯和罗伯特·威尔逊几乎在偶然间发现了这一辐射，于是就连最怀疑时间起源说的人也不得不接受时间有一个开始。

这原始之光是一个极特别时刻的遗迹：当宇宙年龄达到38万年时，膨胀导致的冷却让温度下降到3000开尔文（2726.85摄氏度）以下，电子和轻型原子核终于首次组成电中性的原子。突然之间，物质不再吸收辐射，于是光开始向四面八方传播。这些最早的自由光子，被时空膨胀拉伸、削弱，至今仍带着那时的信息漂浮在我们周围。

宇宙微波背景辐射微小的各向异性真正是宇宙根本性质的信息宝库。我们从中挖掘出了比较准确的宇宙诞生时间：138亿年前。而且我们发现，宇宙的性质在诞生之初更惊人，它在极短时间内以惊人的速度膨胀，经历了被我们称为"宇宙暴胀"但我们尚不完全了解的时期。尽管最初的极速膨胀很快就消失了，但时空继续无限扩大延展，直到今天依然如此，只不过相对于最初的疯狂弱了很多。

宇宙微波背景辐射就像一个巨大的记忆库，储存着时空和质能事件。整个宇宙都和包裹了它上百亿年、弥漫四处的光子处于热平衡状态，使得我们能够从中挖掘出关于宇宙漫长历史的宝贵信息。不过，宇宙微波背景中依然隐藏着许多秘密。

被物质束缚了几十万年后，最初的光子摆脱了约束，开始自由地向四面八方传播。与之不同的是，时空极速膨胀产生的原初引力波得益于自身的微弱而从一开始就自由传播，它和所有东西的相互作用都是如此微弱，以至初始宇宙中极热极密的物质也无法将其吸收。于是引力波就会在与之相互作用过的宇宙微波背景上留下细微到几乎无法察觉的痕迹，其特征是一种不易发现的偏振，即宇宙微波背景的空间方向性。我们找了几十年也没找到，一旦找到，我们就可以了解宇宙暴胀阶段尚不清楚的部分。

科学家都梦想着观测到直接由大爆炸产生的古老

引力波。这些无法察觉的时空扰动至今依然回荡在我们身边，是最初引力波涡旋的残留。谁能将现有工具的灵敏度提高到能测出原初引力波的水平，谁就能非常详细地再现那个超凡的时刻。从某种意义上说，时间诞生的传说依然回响在我们身旁，人类巨大的挑战就在于能够成功地听到那喃喃低语——那是对时间诞生时那一声啼哭的追忆。

时间之终

如果你从未体会过"司汤达综合征"，只要从帕多瓦的斯克罗威尼礼拜堂的小门踏入主殿，你就会知道那是什么意思。占据天花板并在许多窗格上反复出现的那一块块青金石蓝，会让你不禁屏住呼吸。

这座小教堂从外面看平平无奇，只是一座中世纪的建筑，建在古罗马剧场的遗迹旁。和其他有一定地位的城市一样，帕多瓦也有古罗马人为公共演出而建的大型剧场，只是帕多瓦古剧场保存得很差：砖石被拆下来建房子，宏伟的建筑最终只剩下一些拱门和椭圆形外墙。不像著名的维罗纳竞技场那样，气势雄浑地矗立在市中心，几乎没有损坏，依然被用于大型演出，如果没有斯克罗威尼礼拜堂，帕多瓦古剧场就只是意大利的诸多古迹之一，没什么特别吸引人的地方。不过在13世纪，这里曾耸立着城中最富有的银行世家斯克罗威尼的家族豪宅。

斯克罗威尼家族的族徽并不特别漂亮：白色背景中有一头怀孕的蓝色母猪，暗指他们的族姓[1]。他们的名声也不好，整个城的人都惧怕他们，也在背后说他们的坏话，因为他们和许多富豪一样，以放贷发家致富。但丁都把他们的老祖宗里纳尔多放在了地狱里，可见这人肯定不受爱戴。当他在1290年去世时，他的宅邸被愤怒的民众冲垮了。为了让人们忘记这些过去的时光，也为了重塑一定的社会尊重，让教会和贵族阶层接受自己，其子恩里科斥巨资修建了一座礼拜堂，还聘请当时最好的画家乔托·迪·邦多纳为礼拜堂画壁画。

斯克罗威尼礼拜堂于1300年建成，这正是14世纪

1."母猪"的意大利文是"scrofa"，"斯克罗威尼"的意大利文是"Scrovegni"。——译注

第一个禧年，而后乔托用了几年时间为其绘制壁画，于1305年完工。他在这组壁画中彻底抛弃了拜占庭绘画的传统规范，线条更加柔和，造型更加自然真实。通过为斯克罗威尼礼拜堂作画，乔托成为第一个具有现代性的画家。这组壁画也被认为是历史上最重要的艺术作品之一，是少数几个可与米开朗琪罗的西斯廷礼拜堂壁画相媲美的作品之一。

乔托以多彩的壁画表现《圣经·旧约》和《圣经·新约》里的故事，混合了情感与人性，以及信仰的力量与历史的意义。整组作品的高潮在描绘基督受难又复活及最终审判这一幅，它占据了礼拜堂的整个立面背墙：左边是得真福而上天堂者，被天使列队接引；右边是受诅咒而下地狱者，遭受着各种可怕的酷刑。

但特别吸引我的是画面上方三叶花窗两旁的两个天使，他们好像卷幕布一样卷起星辰闪烁的苍穹。

乔托表现的时间终结很显然依照了圣约翰在《启示录》中的描述：星星坠落，天空卷起。短暂的人世结束而永恒开始，时间被重置，它随物质宇宙而生，现在也一并被收起。一切都回到了但丁《神曲·天堂篇》第十七歌所说的"诸时皆在"——这不在人类的时间中，而是所有时刻同在的永恒。

时间的尽头被乔托出色地表现出来，直到今天，它依然让我们这些现代人思考：如果时间有一个开始，那是否也会有一个结束？时间的终结对我们的物质宇宙意味着什么？我们可以通过考察各种宇宙终结的假设，以科学的语言来表述这些问题。

比如，时间之终可能就是时空不再急速膨胀。如果星系不是互相远离而是互相靠近，就会最终毁于彼此的相互作用，这个过程的终点是它们全都聚合到一起，所有物质都坍缩成一个奇点，即科学家们所说的"大挤压"。随着时空被压到点的维度，时间也就解体而不复存在了。如果又有新的大爆炸，从上个时空的灰烬中产生新的时空，那就又开始了新的周期。但这种循环说，这种近乎完满的膨胀与收缩的交替，并不被科学观测所支持。

没有任何数据表明，时空会先停止膨胀，然后转为收缩。相反，一切似乎都告诉我们，时空的膨胀会愈演愈烈。这种让一切加速互相远离的东西被称为"暗能量"。我们不知道它是不是一种新型的力量、一种"斥力",抑或是时空的一种奇特性质,会随时间的增加而加速其膨胀,但可以肯定的是,如果没有其他机制参与,暗能量将会决定我们的宇宙如何终结:一切都将从一切中退去,宇宙将变得非常黑暗、寒冷、荒凉,恒星形成、能量交换等周期将慢慢被不可挽回地打破,而正是因为这些周期才有了行星系统,才有了行星上的生命。晦暗的裹尸布最终会包裹整个宇宙,它长久地存在着,长久到我们无法想象,仿佛是死去恒星的墓地,无用而广阔。

这就是宇宙的热寂,不给人留下任何希望,甚至比圣约翰的《启示录》还要黯淡得多。如果所有恒星都坍缩了,随着时空继续膨胀,时间会变得无穷却也无用,度量着越来越慢的变化、被拉长到空洞煎熬的节奏,而这些变化最终也将消失于一片虚无。

广阔宇宙中的时间

最早验证爱因斯坦广义相对论是通过对宇宙现象的观察,这并非巧合。当我们离开地球,走进更广阔的世界后,才能更好地理解时空被质能扭曲后的性质。

广义相对论效应在地球上当然也存在，但实在是太微弱了，以至可以忽略不计。除非精度要求很高，比如全球定位系统中各原子钟的同步。

但一旦我们开始探索我们的太阳系，那些本来成谜的现象就变得可以理解、合乎逻辑。

对广义相对论的首次印证，来自英国天体物理学家亚瑟·斯坦利·爱丁顿爵士。他于1919年11月公布了他的研究结果，在英国皇家学会的研讨会后，这一消息就登上了《泰晤士报》的头版，并被各大报纸转载。这让爱因斯坦在获得诺贝尔奖之前就成了地球上最著名的科学家之一。

1915年爱因斯坦发表广义相对论时，第一次世界大战已全面爆发，当时，很少有英国科学家会对一个德国科学家的想法感兴趣。不过爱丁顿爵士不一样，他是贵格会成员、坚定的和平主义者。后来他还因为拒绝参军险些被逮捕，幸亏皇家天文学家弗兰克·沃森·戴森找了个借口，说爱丁顿要为验证爱因斯坦的理论寻找资助，才把他从军事法庭上带走，让他免于牢狱之灾。

1919年5月29日，南半球将发生日全食，爱丁顿组织了一支队伍，前往几内亚湾的圣多美岛进行考察。他的目标是在食甚时用望远镜为一个星团拍照。如果真如爱因斯坦所说，太阳的巨大质量会使时空扭曲，那这个星团的光从太阳附近经过时就会被微微弯折，从而改变视位置。简言之，日食期间，星星出现的位置会和平时不一样。

爱丁顿要克服无数的困难，包括一整天的坏天气。这差点儿让他拍不成照，但突然之间，乌云散去，他才得以拍下几张片子带回剑桥。经过好几个月的分析，最终他确认：在其中一张片子中，星团的视位置有明显的移动，这与爱因斯坦的预测相吻合。广义相对论预言的在大天体附近空间会收缩，而时间会拉长这一奇怪的理论是正确的。

Wasp-12是御夫座的一颗矮星，在它附近有一颗类似木星的气态行星，其轨道半径较小，这颗行星离母恒星如此之近，以至公转一周只需要一天多的时间。二者之间的引力很强，潮汐力让气态巨行星变形，两极被压扁，成了鹅蛋形。哈勃空间望远镜发现，Wasp-12正在夺取这颗行星的物质，就是将它撕裂并最终将它吞噬。像这种恒星吞噬其行星的现象实属罕见，而星系吞噬其他星系、恒星吞噬附近其他恒星的例子则不胜枚举。

将望远镜指向Wasp-12，我们就能目睹一场太空罪行，但因为它们离我们约有1400光年之遥，所以这其实发生在十几个世纪以前，当时，穆罕默德正开始宣扬新一神教。苍穹每天都像这样在向我们诉说着发生在遥远过去的奇妙之事或恐怖之灾。

以爱丁顿为先锋，天体物理学在近一百年内取得了令人瞩目的进步。我们的"可见宇宙"，也就是用大型望远镜能够观测到的宇宙，巨大到难以想象。里面有上千亿星系，中间却隔着巨大的虚空，每个星系又包含几千亿由气体和尘埃聚合而成的类似太阳的恒星，以及无数更小的天体。

但可见宇宙只是宇宙几乎可忽略的一小部分，此外还有黑洞和中子星等不发光天体，还有星系间的巨大气体带和各种形式的辐射。最重要的是还有暗物质和暗能量，它们才是宇宙最主要的组成部分，远超过其他。

当数字变得很大时，我们就很容易对其失去切实的感受。这时就可以借助大头钉：找一颗用来固定衬衫的大头钉，捏住底端将其举向天空，被圆头遮住的那一点很小很小，然而却包含着几千个星系，每个星系又由上千亿颗恒星组成。当我们用现代大型望远镜去观测看似空无一物的宇宙区域时，用不了一会儿，就会发现到处都隐藏着万千个世界。

太阳与太阳系行星之间的距离相对于我们在地球上的常规移动来说是巨大的，但与恒星间的距离相比就会显得很小。太阳距地球1.5亿千米，距离和我们最近的比邻星却有4.2光年，而1光年约等于95,000亿千米。

要想对星系的大小有一个基本概念，可以想象一下：要想到达银河系中心，我们需要走过约26,000光年的距离，如果想要访问离我们最近的仙女座星系，则需要走上254万光年。然而，就算这样，也依然没有走出我们星系群在宇宙中所占的这一小片地方。

当距离变得如此之大时，"现在"和"同时"就失去了意义，我们也就能更好地理解何谓"时间是局部的"。那么，遥远的世界中"此时"发生着什么？这么问没有任何意义，这完全是一个糟糕的问题。我们的共同时间，和遥远的世界根本不共享。在我们的世界中，时间是保证生存的极好工具，但一旦要探索小小地球之外的世界是如何运转的，我们的时间概念就会将我们引入歧途。

我们的当下不可能是遥远某处的当下，这会让人很困惑。我们已经习惯于生活在很有限的空间中，以至都不会想到通信可能做不到处处即时。如果给住在纽约的朋友打电话，我们完全可以顺畅交流，诉说最近发生的事，因为我们拥有"同一个现在"。信息在我们之间传递起来只需要几分之一秒，这么小的延迟很容易被忽略。但如果距离大到连光都要几千年才能走完，那"同一个现在"就完全不存在了。

美妙的幻象和神奇的组合

当我们观察很遥远的物体时，今天所见之现象其实发生在遥远的过去，所有的天文观测都变成回到过去的旅行。如果距离相对较小，我们倾向于忽略延迟，并假装还可以将我们的时间和周围的空间共享。比如，太阳光要用8分多钟才能到达地球，但这个差别足够小，我们可以忽略不计。从太阳表面发出光子到我们的视网膜接收到光子的这8分钟内，没有人怀疑我们亲爱的太阳会发生什么严重的事情。但如果时间间隔变得相当长，那一切就都变了。

今天，当我们用望远镜记录下仙女座星系美丽的景象时，我们知道这些光走过了很长很长的路才到达这里。它们离开银河系的姐妹星系时，在非洲之角的某个地方，正在发生我们智人属的人类和非洲南方古猿的第一次分化。也许是巧合吧，这些光子出发时，一群奇怪的猴子也迈出了漫漫长路的第一步。进化会让它们发展出意识，制造出越来越精细的工具，直至发明出能感光的设备，在那些光子到达地球时将它们捕获。在漫长的时间里，这个新物种出现并发展，同时那些光子也走过了两个星系之间的浩瀚虚空。

我们头顶上星辰闪烁的明净夜空，启发了一代又一代诗人，然而"天似穹庐"只是一个美妙的想象。古人将繁星排列成星座，关于它们的传说至今仍流传着，但"星座"也是一种假象。夜空中最亮的天狼星其实是一个双恒星系统，在距离太阳8.6光年的地方互相围绕旋转。天鹅座的主星天津四闪耀在离我们2600光年的地方，而看起来是一颗星的北极星，其实是由三颗恒星组成的系统，其中我们能看见的最亮的黄超巨星北极星Aa，距离我们有325光年。

距离如此不等的天体在过去的不同时刻发出了光，在今天的同一时刻被我们看到。黑夜中，我们将相距几千年的事件人为地叠加到一起。星空如此美妙，其背后的现实却比看上去要复杂得多。

正如太阳看上去绕着地球转而实际上并非如此一样，我们看见的东西可能是一个精巧的假象。有时，我们会看见并不存在的东西，而往往也看不见真正存在的东西。

时空在宇宙尺度上制造的幻象很多，其中一些甚至让天文学家也感到惊讶。当他们给非常遥远的天体拍照时，就发现过海市蜃楼般的景象。光源分身出四个，形成了十字架一样的形状。这种现象也是广义相对论作用的结果，即当质量巨大的物体处于光源和观察者之间时，时空的扭曲会弯折光线的路径，光源的视位置就会分散到四周，形成所谓的"爱因斯坦十字"。这也是一种视觉幻象，遥远天区的图像出现重影，出现一模一样的恒星和星系。不过它也是宝贵的信息来源——天文学家利用这些图像挖掘相关天体的质量及其分布数据。

当三个太阳的能量乘着时空的波澜前行

印证了广义相对论的诸多天文观测告诉我们，时空不是一个抽象的概念，不是对宇宙结构的简单描述。相反，这个极其精巧的框架是实实在在的，它会振动、会摇摆、会上下波动，并将一切形式的扰动传播出去，正如池塘泛起涟漪的水面。

质能将时空扭曲，由此产生了引力，这应该已经让我们窥视到一点儿时空的真正性质。时空不是一个装着自然现象的、没有反应的容器，而是整体的基本组成部分，它参与天体的运动，被天体影响，再反过来决定天体的轨迹及局部时间的流逝速度。质量和能量并不是在空旷的、没有反应的空间中经历时间。相反，分布在各处的物质运动着，与时空交织在一起，形成各种情况：有时是周期性质的、有规律的，但也经常被灾难打破。这是一个动态变化的整体，其中进行着巨大的能量交换。

广义相对论方程解起来比较复杂，因为时空既是方程的一部分，也是解的一部分，简言之，就是时空性质在方程中，而其曲度是方程的解。如果考虑到引力弯曲中包含着能量，而这能量又会引起其他的弯曲，也许就比较好理解一些。解这个方程，对于方程的发现者爱因斯坦来说也是一项严峻的考验，不过如果时空曲率相对较小，他还是能找出一个近似解的。惊艳的是，他得出的方程与电磁方程十分相似，这个解中包含的引力波就像电磁波一样以光速传播。

如果时空振动，扭曲传播开来，就能远距离传播能量。引力能也能被释放和吸收，正如电荷在振动的电磁场中被加速和移动时辐射的能量一样。

不过爱因斯坦自己也相当怀疑这个解是否描述了一个真实存在的物理现象。他的怀疑很有道理。首先，因为引力相对电磁力很弱，其强度可以忽略不计。产生电磁波是很容易的，只要加速质量很小的电子，它们很快就能向四面八方发射光子。但要产生显著的时空弯曲却需要巨大的质量，如果还要产生像波一样传播的扰动，就要对这巨大的质量做大到可怕的加速。然而，恒星和行星经受不住如此巨大的外力，很容易就能证明它们在巨大外力下会立刻解体。所以，有些人认为我们永远观测不到引力波，也是有道理的。

在20世纪的前几十年里，没人能够想到，存在着质量和密度比普通恒星大得多的天体，它们是如此紧密，以至能够经受住产生引力波所需的可怕加速。黑洞就是密度极高的天体，能在直径几十千米的体积内容纳很多个太阳的质量。正是这些超重又超致密、被强大引力约束住的物体产生的现象，让我们第一次发现了引力波。

当可怕的灾难毁灭了一整个遥远的星系，而我们成功记录到回响时，才有力地证明了时空可以远距离传输能量。

这一切发生在两个黑洞之间，每个黑洞都有30个太阳那么重，它们相互作用，产生了一连串精彩的事件。当两个天体相互吸引时，它们开始围绕共同的引力中心疯狂旋转，最终以接近光速的速度冲向彼此，融为一体，形成质量约为60个太阳质量的黑洞。它们在几分之一秒内以引力波的形式释放了相当于3个太阳质量的巨大能量。这两个极端致密的天体成功地扭曲了时空，以至产生引力波，这些引力波传向整个宇宙，在走过14亿光年的距离后，终于到达了我们的地球。就像一个娴熟的冲浪者，相当于3个太阳质量的能量乘着时空之波，平稳地走了14亿光年。

尽管时空难以相信地坚实，但依然有一些自然现象强大到能使之像一张普通的弹性网一样发生变形和振动。两个黑洞碰撞产生的冲击激起了时空的波澜，让时空振动，就像在池塘中以一石激起千层浪。

首次发现引力波之后，随着更多设备开始投入使用以及技术的不断改进，我们又记录到了一系列新的事件，收集到了其他双黑洞或中子星发出的引力波信号。中子星是另一种致密天体，但质量和密度远没有黑洞那么大。

引力天文学带来了观测宇宙、理解宇宙的全新视角。以引力波形式释放的能量为我们提供了关于黑洞存在及性质的宝贵信息。我们以前都不敢肯定这些隐秘之客的存在，现在却能仔细研究，搞清楚它们在宇宙运动中的作用，更好地理解它们不为人知的一面。

5

当时间停止

关于宇宙，我们已经知道了很多，也做了深入的研究，但随着知识的增长，我们也遇到了出乎预料的障碍。例如，宇宙中有一些区域非常动荡，从我们所在的平静一隅得出的法则，很难推广到那些区域。

让我们看一看黑洞周围的区域。这些区域不是宇宙边缘的一小片，有时它们会牵涉一个星系中很大的一部分。有些星系的星系核被巨型黑洞占据，这些黑洞疯狂地吞噬着恒星及其他物质。它们吞下整个恒星时会以接近光速的速度抛出物质，并伴随着极强的X射线或伽马射线暴。这会震撼恒星所在的整个星系，其破坏力是如此猛烈，以至人们很难准确地描述其动态变化。

我们研究出的物理法则能很好地描述稳定状态，

其中平衡和规律占据了主导地位。但我们的数学工具，甚至我们的思维结构本身，在处理复杂体系时，尤其是其远未达到平衡条件时，就会很费力。比如，如果太阳系是围绕一个双星系统组成的，也就是说，地球绕着两个太阳公转，而这两个太阳又围绕着其系统的质量中心旋转，那么地球的公转轨道就会非常混乱。这时，就算排除万难满足了出现智慧生命的必要条件，要找出行星运动的规律也是极其困难的，甚至完全不可能。

许多世纪以来，我们一直都忽视这一切，而从自己的平静角落出发去看宇宙，以为存在一个普遍的秩序，并专断地将其推广至全宇宙。不过我们早已醒悟过来，知道这种态度是自以为是，完全出于我们的无知。现代科学告诉我们，宇宙中有许多区域根本就没有规律性；有一些区域我们完全无法了解，不知道其中发生着什么；还有一些区域非常特别，像时间流逝等稀松平常的现象也有着十分不平常的特征。

巴黎公社的时钟

1871年的春天，巴黎经历了诸多起义中的一次。在经历1789年7月14日法国大革命爆发及纷乱的拿破仑时期之后，巴黎人民曾多次表达过自己的不满。1830年7月底的三天里就发生过一次。当时，反对君主制的起义爆发，反叛者在街道上筑起路障，拿起武器对抗军队，起义军宣布波旁王朝结束，并让路易-菲利普一世掌权，他也是法国第一位君主立宪制的君主。1848年再次爆发起义，这一时期整个欧洲都陷于动荡之中，2月末，起义者控制了巴黎，路易-菲利普被逼退位，法兰西第二共和国诞生，奴隶制被废除，男性普选权被确立。到了夏天，一场可怕的经济危机严重地影响到巴黎的工人和手工业者，引起了新的起义，这一次，军队用大炮轰开路障，拿破仑·波拿巴的侄子掌权，后通过政变建立法兰西第二帝国，史称拿破仑三世。

巴黎的工人们对1848年的流血事件及起义的悲惨结局愤愤不平，情绪在灰烬中酝酿，只为在普法战争行将结束时爆发。1871年，遭受战败之耻的当局不愿妥协，引发了工人阶级起义。

这是一场真正的新革命，人们追求的是全新的目标：建立一种新型国家形式——公社。起义者废除了常备军，并将武器发给民众。他们为了与过去及雅各宾派的恐怖统治划清界限而烧掉了断头台，为了斩断对帝制的所有怀念而推倒了旺多姆广场上的旺多姆圆柱（亦称"拿破仑纪功柱"）。

巴黎人民想要建立反映自己梦想和期待的全新国家：教育免费且世俗化，大法官和官员由选举产生并且可被罢免，人民代表拿着和工人差不多的工资。这一次一切都要改变：艺术、科学、文学，以及每一个人的生活。

起义的最初几天，公社革命者向所有的公共时钟射击，将它们全部击碎。他们要建立的新世界不应有偷走生命、破坏家庭的时间，那种压迫性的时间即代表他们无法逃脱的命运，他们想借着打破时钟来改变这种命运。

在1789年的法国大革命中，人们特意修改了历法。新时代要和过去一刀两断，就连计算时间的方法也要变。随着君主专制的结束，谎言与奴役的时代也结束了。新月份的名称有一些体现了法国的气候，如雪月、雾月；有一些则体现了主要的农时，如获月、葡月。

这种历法被称为"共和历"，1805年被拿破仑废止，后来巴黎公社重新启用了它——尽管只用了几个星期。但这还不够，切割要进行得更决绝——人们要停止时间并让它重新来过。

那几个月的期望与幻想最终湮灭于鲜血中。失败是惨痛的，死亡人数多达几万，但这种冲天而起推翻一切的企图一直影响着19世纪的社会斗争，并最终导致20世纪初的俄国革命运动。

那段乱世中的一些"疯狂"想法继续流传着，时不时就会出现在文学艺术运动的基底中。

在公社数以千计的社员中，有一位陶瓷匠，他的父亲是一名木匠。陶瓷匠参加过国民自卫军，当过第十三联盟营第三连的连长。他是一名优秀的军人，与夏尔·德·西夫里成了好友，而夏尔的母亲安托瓦内特-弗洛尔·莫泰正是诗人保尔·魏尔伦的岳母。夏尔热爱音乐，他的母亲钢琴弹得非常好。这两个公社家庭来往密切，夏尔和母亲很快就发现陶瓷匠的儿子阿希尔-克劳德·德彪西的天赋，他在夏尔家上过几节钢琴课，9岁就展现出非凡的音乐天赋。这便是法国史上最伟大的作曲家之一克劳德·德彪西的音乐启蒙。

这位年轻的音乐家很快成为巴黎音乐学院最有才华也最不循规蹈矩的学生之一。1894年，刚过30岁的德彪西创作出短小的《牧神午后前奏曲》，许多人认为这部作品开了20世纪音乐之先河。俄国舞蹈家瓦斯拉夫·尼金斯基正是受到德彪西打破音乐传统的启发，于1912年以《牧神午后前奏曲》创作了一出芭蕾舞剧，彻底打破了古典芭蕾的传统，为现代舞打下基础。

年轻的德彪西在其代表作中将音乐变成声音图像，这深刻地改变了音乐中的时间运行，即不依赖任何的律动，也不表现出清晰的节奏，精巧的和弦依赖各种乐器的音色，形成如梦似幻的音乐语言。

也许德彪西这种融化音乐时间的尝试，就参考了他的父亲作为巴黎公社社员的经历，是巴黎公社试图停止时间以改天换地时留下的回响。

时间消失的地狱之所

巴黎公社的社员们不会想到，在起义失败100多年后，富有远见的科学家会从理论上证明宇宙中真的存在时间静止的地方。

2020年的诺贝尔物理学奖同时授予罗杰·彭罗斯、安德烈娅·盖兹、赖因哈德·根策尔，以表彰他们在理解黑洞方面做出的贡献。这三位科学家获此殊荣也表明，黑洞这类十分奇怪的天体在现代科学中正获得越来越重要的地位。

"黑洞"也是爱因斯坦广义相对论的推论之一，但在很长一段时间内，人们都认为它只是新奇的数学形式，没有现实意义。

德国物理学家卡尔·史瓦西40多岁时参加了第一次世界大战，指挥对俄前线的一个炮兵点。1916年[1]，他让人送来爱因斯坦将改变物理史的文章，并在战斗间隙钻研不转动完美球形[2]恒星附近的时空弯曲。为了

1.疑有误，或为1915年，下文也说到史瓦西在1916年初就病逝了。——译注
2.不转动+完美球形，为简化研究假想出来的理想化模型，不转动则无角动量，标准球形方便计算。——译注

简化计算，他引入了一种新的坐标系。在他的球状对称的时空中，爱因斯坦方程有精确解，而且对每一个质量都能定义一个"史瓦西半径"，小于这个半径就会产生奇点，即时空扭曲到连光都逃不出去。这个半径之内的任何东西都无法逃逸，因为逃逸速度必须超过光速。

爱因斯坦通过书信收到了史瓦西的计算，结论太惊人了，他决定立即以身陷战事的史瓦西之名，将它们报告给普鲁士科学院。这个解很优美，但不管爱因斯坦还是史瓦西都不敢表示甚至不敢想象这个数学式背后隐藏着新型天体，因为已知的任何现象都无法将如此多的物质聚集在如此小的空间内。可惜，两位科学家之间的对话并未持续多久，天妒英才，1916年初，史瓦西病重，几个月之后就去世了。

到20世纪60年代，才有研究提出这样的天体真的存在。罗杰·彭罗斯是最早提出大质量恒星坍缩后会产生引力奇点的科学家之一。在1965年发表的一篇文章中，他提出了一种理论，这一理论在多年以后被认为是新研究领域的出发点。彭罗斯和非常年轻的斯蒂芬·霍金发表了一系列关于此新型奇特天体的重要研究。两位科学家认为，我们的宇宙中存在时空奇点，在那里，时间停滞，失去意义，消失不见。我们是时候去寻找它们存在的信号，研究它们的特征了。

1967年，美国物理学家约翰·惠勒戏谑地将此类天体称为"黑洞"，之前它们一直被称为"暗星"。好像要让双关更明显似的，惠勒还提出了"黑洞无毛"定理，再度凸显其起名的轻佻。从那时起，人们一直在寻找任何能表明黑洞存在的信号，这深刻影响了现代天体物理学。

从定义上说，就不可能直接看到黑洞。它释放的引力是如此强大，以至任何光子都只能落回去，就像我们向上抛出的石块一样。由史瓦西半径确定的面被称为"事件视界"，在这个界限之内，任何信息都无法传播到宇宙其他地方。黑暗之幕将奇点与我们的世界永远分开，从我们的视线中隐去了时间失去意义的地方，仿佛是为了保护我们，让我们不必看到对我们来说自相矛盾的情况。

黑洞与普通恒星或另一个黑洞相互作用的景象令人惊叹，它们会发出各种信号，今天，我们已经能记录并识别这些信号。

从20世纪70年代起，越来越多的这类奇特天体被发现，而且数量每年都在增加。迄今为止已发现的黑洞可分为恒星黑洞和超大质量黑洞两大类，二者的大小、特征、产生的动力和经历的演化都很不一样。

恒星黑洞是密度极大的天体，但它们的体积相对于恒星甚至行星来说实在是太小了。做一个荒唐的类比，如果能找到一种方法把它弄到地球上而不瞬间毁了地球，就算是最大的恒星黑洞，放在巴黎或伦敦之类的大都市的范围内也绰绰有余。不过，这不大的体积内却聚集了几十个太阳的质量，当引力将如此大质量的物质约束在如此小的体积内时，黑洞的密度便高得惊人。

再者，史瓦西半径的球体中质量分布并不均匀，这让事情变得更加复杂。一般认为，所有质量都集中于球体中心的一点，其体积无限小，时空弯曲无限大，是时空的一个奇点。另外，一般也认为大部分黑洞都有角动量，也就是说会自转，因而球体的两极被压扁，物质集中处会形成一个小环形。如此集中的物质产生趋近于无穷大的时空弯曲，这意味着时间和空间在此失去了意义。更麻烦的是，这种点聚集会违反量子力学最基本的原理之一：不确定性原理。

这就是看不到尽头、吞噬周围一切的无底深渊。我们最可怕的上古噩梦成了现实。被视界守护着的区域中隐藏着一片神秘地带，在那里，时间消失了，现代物理学最稳固的原理也被动摇了。

参宿四的精彩终章

参宿四是猎户座的一颗星，在夜空中肉眼可见。它是一颗红超巨星，其亮度变化非常明显，因为它正走过漫长生命的最终阶段。通过大型望远镜，可以看到它的形状略不规则，质量巨大，大概是太阳的20倍重。它的直径非常大，如果把它放在太阳系的中心，那它就会瞬间吞噬水星、金星、地球、火星，并接近木星轨道。

参宿四正在发出明确的信号：支持它燃烧的核燃料即将耗尽，最终的坍缩很快就会到来。它随时都可能爆发，变成一颗巨大的超新星，但谁也无法准确预测这一切将在何时发生。考虑到此类现象特有的不确定性，它的临终痛苦可能还会持续几千年，但可以肯定的是，当它爆发时，将会上演一场令人无法忘怀的表演。

届时，天空中会出现一颗新星，即使在白天人们也能看见这颗新星，而且它比满月更亮。夜幕在几周内将不会降临地球，之后，新星的亮度会慢慢降低，但依然会在几个世纪内可见。爆发的高潮来临时，这颗巨星的最外层会以极高的速度向各个方向爆发，而最深处的核心受到引力坍缩的挤压，因此将缩成一颗半径几十千米的暗星。地球人可以在600光年之外目睹头顶上这一幕美妙的异象，见证一颗恒星的死亡和一个恒星黑洞的诞生。

中子星也可以形成恒星黑洞。当它们达到临界质量时，可以通过吸收与它们在双星系统中相互作用的普通恒星的物质，或者与其他中子星融合，形成恒星黑洞。

我们无法"目睹"这些现象，"看到"黑洞的唯一希望来自寻找普通恒星的反常行为。如果恒星与某个黑洞相互作用，它就会有非常奇怪的轨道，或者表现出形变的迹象。寻找恒星黑洞最有效的技巧之一，就是寻找发射X射线的双星系统。

当两个天体非常靠近，以至相互之间的引力让它们围绕着共同的质量中心运动时，就形成了一个双星系统。如果二者之一是一个黑洞，那它强大的引力就会从另一颗恒星上吸走大量电离气体。这些被吸出来的等离子体形成一个长长的条带，落向黑洞，并在越来越近的距离上绕着黑洞运行。

黑洞周围形成的这样一个巨大的电离物质圈，被称为"吸积盘"。因为角动量守恒，所以越靠近引力中心，速度就越大。从恒星上撕裂下来的等离子经历了灾难性的冲撞，并卷入湍流现象。这些电离气体以极高的速度旋转，产生了巨大的磁场，磁场又与这些冲向奇点的物质发生无序的相互作用。等离子体被加热到几千万摄氏度的温度，并放射出各个波长的光子。由于吸积盘释放出强烈的高能光子流，黑洞就变成了宇宙中的X射线源。如果双星系统中有一颗星可见，另一颗星不可见又发射着X射线，那这个双星系统就很可能包含一个恒星黑洞。

我们还曾观测到某些黑洞从两极喷射物质，形成对称的巨大羽冠。物质以接近光速的速度被抛出，射程极远，它们又会产生高能电磁辐射暴或带电粒子喷涌。

吸积盘和两极的近光速喷射让黑洞周围的区域全都变成了地狱一般的场所。恒星黑洞是非常危险的物体，它们能撕碎附近的任何天体，当吸积盘物质被吸到视界附近时，潮汐力会将一切撕得粉碎。

物体两端受到的引力差即为潮汐力。之所以叫"潮汐力"，是因为潮汐就是由月球对地球远近两面的引力大小不同而产生的。正是这种引力差导致了海平面周期性的涨落。潮汐力对地球的岩层也有作用，只不过效果不明显。在恒星黑洞中，潮汐力在距离视界几千千米时就非常大。重达几十个太阳质量的致密天体可以远远地粉碎靠近它的任何东西，不管是几千米宽的岩石小行星还是载着数位勇敢探索者的宇宙飞船。当潮汐力远超过物质的内聚力时，一切都将变形、拉伸、碎裂，最终化为基本粒子组成的"浮云"。因此，远在你到达视界之前，恒星黑洞周围的区域就已经对你非常危险了，所以最好还是不要为了看一看去靠近它。

到目前为止，在我们的银河系已发现约15个恒星黑洞，最小的是太阳的5倍重，最大的可达到70个太阳质量以上的质量。恒星黑洞这类天体相对少见，但仍大量存在于所有星系中，包括我们所处的银河系。最新的估计是，大约有上亿个黑洞在银河系游荡。

上文已介绍过如何通过记录碰撞最后阶段发出的引力波来识别相互融合的恒星黑洞。这几年来，我们又有了探测和发现黑洞的新设备——引力波干涉测量术已经使我们能够识别出十几对恒星黑洞，不过对于这个领域我们只是刚刚起步。

引力天文学将使我们能够绘制出新的星图，或许还能发现恒星黑洞隐藏在视界之后的某些性质。在碰撞中，黑洞被撕裂，上一刻还困在视界内部的能量被释放出来，并传向全宇宙。那道界限藏起了时间停止的可怕之所，但也许不久之后，引力波就会帮助我们弄清视界之后发生的事情。

恐怖之最

如果恒星黑洞已经令你震惊，那接下来请你坐稳，因为我们要来看真正的恐怖之最了：超大质量黑洞。它是真正的怪物，任何一个头脑正常的人都不会想靠近它。它的表现让恒星黑洞造成的灾难看起来就像过家家。恒星黑洞是直径几十千米的致密小球体，而超大质量黑洞的直径则可达几十亿千米，真正是整个宇宙中最大的天体。某些超大质量黑洞甚至可以轻松包裹住整个太阳系。恒星黑洞最重可达100个太阳质量，而超大质量黑洞的质量则要以百万甚至十亿太阳质量计。

因为证明了人马座A*是位于银河系中心的一个超大质量黑洞，天文学家安德烈娅·盖兹和赖因哈德·根策尔与罗杰·彭罗斯共同获得了2020年诺贝尔物理学奖。这个黑洞的质量达到四百多万个太阳质量，和所有黑洞一样，它也无法被直接观察到。起初，这两位天文学家以为它只是一个普通的致密宇宙射电源，但通过观察附近恒星的奇怪轨道，他们推测这可能是一个巨型黑洞。事实上，它周围的一些恒星运动速度极快，超过2万千米/秒，其运行轨道也非常扁。很少有恒星能以7%的光速运动，如果轨道也非常怪异，那就表示约束它们的中心有着巨大的引力。后来，他们又发现有大量气体云以1/3光速，即10万千米/秒的速度向着这个"虚无"移动，它似乎吸引着周围的一切东西。之后，两位天文学家又找到了吸积盘存在及X射线发射的迹象，这些都是黑洞吞噬大量物质时会产生的。最后，他们还观察到，围绕它旋转的恒星在穿过引力场最强烈的部分时，发出的光会失去能量。这下终于没有疑问了，人马座A*就是一个巨大的黑洞。原来，就连我们宁静的银河系也隐藏着最可怕、最狂躁的天体：超大质量黑洞。

我们现在已清楚地知道，每个大星系都围绕一个此类强大天体运动。一直让我们着迷的宇宙繁星以其周期性而规律的运动，塑造了我们的时间观，而它们自己竟围绕着不存在时间的点旋转，这简直就是命运的玩笑——时间的旋转木马围绕不存在时间的中心亘古不变地转了一圈又一圈。

人马座A*的质量当然非常大，但与它的某些同类相比也是小巫见大巫。室女座NGC-4261星系中心的黑洞就重达10亿个太阳质量以上，不过最高纪录的绝对保持者现在还是J2157，它有340亿个太阳质量。在质量可媲美一整个中小型星系的黑洞面前，人马座A*看起来就像是一个玩具。

这些"怪兽"天体都是通过研究活跃星系核发现的，所谓"活跃星系核"，是指星系中心发出电磁波谱高亮度的致密小区域。目前已发现多种活跃星系核，它们活动各异，有一些是放射性极强的射电源，有一些以近光速的速度喷射物质，还有一些则爆发出强烈的X射线或伽马射线。这些现象都源于同一过程：物质掉进中央的超大质量黑洞。所有爆发出的这些，都是恒星被中央黑洞粉碎后落向深渊时会放出的能量。在万籁俱寂的宇宙中，超大质量黑洞的各种活动产生了一系列无休无止的灾难，那是我们从未见识过的超级灾难，足以毁灭数十亿颗恒星。

M87*是离我们最近的超巨星。它位于室女座M87椭圆星系的中心，距我们约5350万光年。其质量据估计在60亿个太阳质量以上，对应的视界有380亿千米。它庞大到可以轻易囊括整个太阳系（包括最近被降级为矮行星的冥王星及其偏心轨道在内）。M87*之所以出名，是因为"事件视界望远镜"计划（Event Horizon Telescope，缩写为EHT）的天文学家联合起来用几十个射电望远镜成功构建出它的图像。这张图传遍了全世界，人们可以从中清晰地看见环绕它的吸积盘，以及中间那巨型的视界。

关于这类庞大天体的形成有很多种理论，但似乎都没有对它们的大小做出令人信服的解释。我们知道，一旦黑洞占据了星系中心，它就会无节制地增长，慢慢吞噬掉周围的一切。但我们也在一些年轻星系的中心观察到了巨型黑洞。有人认为是因为大爆炸后几秒形成了原初黑洞，甚至猜测原子大小的微观物体容纳了珠穆朗玛峰的质量，可能是由于宇宙初生时强烈的密度涨落造成小物体的引力坍缩。它们互相融合，质量越来越大，于是没有消散解体。另一些理论认为，浩瀚的原初星云聚合成了类星体，这些高度不稳定的天体最后坍缩成了巨大的黑洞，而不是进化成普通的恒星。

超大质量黑洞唯一的优势是视界处的潮汐力很弱。显然，超巨大的体型让它们在表面上没有"小弟"恒星黑洞那么凶猛。超大质量黑洞的平均密度非常低，而且质量越大密度越低。

10亿个太阳质量的超大质量黑洞平均密度仅和水相当，更大质量的黑洞的密度则可能和空气一样。这就导致潮汐力很小，在视界处几乎不存在，只有在接近中心奇点时才会变得显著。考虑到超大质量黑洞尺寸巨大，因此即使越过视界，潮汐力可能也要很久才能达到中心奇点。总之，对于超大质量黑洞，人们不仅可以在某些条件下穿过视界而不被撕碎，甚至可能根本意识不到已越过了视界而继续航行许久。

霍金的赌局

文学作品中让时间停止的总是魔鬼。在德国最重要的浪漫主义文学作品——歌德的《浮士德》中，主角浮士德博士就与魔鬼墨菲斯特定下了以灵魂换时间的契约。而奥斯卡·王尔德小说中的主人公道林·格雷[1]梦想着青春永驻，结果却也是在地狱中沉沦。

黑洞周围地狱般的环境似乎印证了这一古老的偏见。引力让时间停止，让时空扭曲到失去意义。围绕视界的火圈让人联想起那些古老的场景、那种可怕而

---

1. 即奥斯卡·王尔德的小说《道林·格雷的画像》（1890年）的主人公。为了使自己青春永驻，格雷将真实年龄转移到自己的肖像画上。年复一年，这幅肖像画上的人因承载了格雷的年龄和他犯下的罪行而衰老不堪，格雷则凭此青春常在，始终年轻迷人。

隐秘的地方：比如吃小孩的摩洛克统治的火焰之地欣嫩子谷，又比如蛇发女妖美杜莎看守的冥界，谁胆敢来犯，她用眼神就能让他石化[1]。

巨大的"围墙"环绕着恐怖之地，隐藏起时间停止的区域，也隐藏起我们寻找多年的科学秘密。能够找出适用于时空奇点附近的物理规律是无数科学家的梦想。但直接去探索视界之内的区域听起来是一个近乎疯狂的梦想，因为谁都知道这样的旅程是不可能实现的，就算实现了也是有去无回。但是想象一下却无妨，所以，现在我们就要开始以想象做物理规律不允许的事。

乐天风趣的斯蒂芬·霍金喜欢与朋友和同事打赌。他曾和超对称理论物理学家戈登·凯恩赌100美元，说希格斯粒子永远不会被发现。2012年，我们发现希格斯玻色子之后，他心甘情愿地付了赌注，还说其实很高兴自己赌输了。1974年，本着同样略带挑衅的精

1.这里的火圈是指吸积盘，这一段是想塑造一种不可逾越的禁地之感，后面用的比方一个出自《圣经》，一个出自希腊神话，都是去不得、去了即死的地方。——译注

神，他和基普·索恩打赌，说当时最有可能被确认为黑洞的X射线源天鹅座X-1与他的主攻方向毫无关系。要理解霍金当时的想法，不妨看看他多年后说的话："和基普打赌其实是一种保险。我对黑洞做了那么多研究，如果最后发现它们不存在，那真是大大浪费时间，但那样我就赌赢了，可以订阅四年的《私探》杂志（*Private Eye*），也算是一种安慰。"1990年，当有数据证实天鹅座X-1是一颗恒星和一个黑洞组成的双星系统时，霍金开心地向索恩支付了赌注：杂志《阁楼》一年期的订阅。

秉承这种精神，我乐于想象他们之间打的另外一个赌。因发现引力波而获得诺贝尔奖的基普·索恩和霍金一样，也是黑洞存在的最坚定支持者，因此，我们可以想象这两位朋友在探索黑洞这一危险的事情上赌了一把。

他们首先要选择一个超大质量黑洞。旅程当然还是很危险的，肯定一去不复返，但如果选恒星黑洞，那穿越视界的可能性就直接为零。两人最后选了M87*，它已闻名全世界，它的照片登上了世界各地的杂志封面。

想象一下，有两艘一模一样的宇宙飞船，一艘由霍金指挥，他选择在安全距离上围绕M87*运动。一艘由索恩指挥，他更勇敢，打赌说能穿越视界，一窥里面的情况。

因为是想象，所以可以忽略一些"细节"。比如两艘飞船如何走过了分隔我们和M87星系的五千多万光年，又是怎么毫发无伤地穿过了M87*吸积盘的地狱之境——这些都是早在到达视界之前就要面对的。不过我们不管这些，只关注最基本的问题。

两艘飞船通过无线电联系，索恩那边每秒发出一声"哔"。与视界接触的时间预计在午夜。23时59分57秒之前，霍金那边都能规律地收到每秒一次的"哔"声。但之后就变了，23时59分58秒的"哔"声似乎晚了一点儿，23时59分59秒的"哔"声则在一个小时之后才到，而且严重失真。再然后，信号就彻底消失了。索恩已穿越视界。霍金知道自己赌输了，现在他永远也等不到00时00分00秒的那一声提示音了。

不过，在索恩的飞船上并没有人察觉这一变化，穿越视界只是一瞬间的事，一切似乎都照常进行，哪怕最终的命运已经注定。在距离奇点那么远的地方，

M87*的潮汐力是难以察觉的，没有人发现有什么异常。地球宇宙飞船穿越视界的历史时刻就这样毫无波澜地过去了。索恩和船员们打开香槟庆祝，尽管他们的眼神中隐约有着一丝不安。他们知道这将是一段漫长的旅程，但他们的命运已经注定。当飞船接近聚集了所有质量的奇点时，没有什么能阻止引力将飞船和船员们撕得粉碎。对外部观察者来说，飞船的时间停止了，但飞船上的人都不会有感觉。他们只有在有机会回头时才能意识到所发生的一切，才会看到越过视界对他们来说只是一瞬间，对宇宙其他地方来说却是永远，不过，他们也很清楚这是不可能的。

现在，索恩无可挽回地走向那时间终结之处。旅程可能还会持续很久，但在黑洞中的坠落无法逆转。潮汐力会逐渐增强，直到撕碎一切，甚至连夸克都显得巨大。被引力撕碎的物质会失去实体，变成纯粹的几何形状，没有时间和空间，却包含着巨大的能量。

如果霍金的飞船上载着一架大型望远镜，能跟踪索恩的飞船，那他看到的就是飞船逐渐慢下来，最终停在视界的黑暗边缘一动不动，它发出的微光越来越红、越来越暗，好像被冻住了一样，直到彻底消失不见。

　　反过来，如果索恩能回头看霍金的飞船，那他看到的就是飞船越来越蓝，速度猛增，但也只在极短的一瞬间。一旦越过视界，外面发生的一切都不再可知，这个界限彻底分隔出两个世界。索恩向着黑洞中心没有时间的地方靠近，也许他会说出浮士德最终要履约时对墨菲斯特说的那句话："假如我对那飞过的一瞬说：'停留吧，你那么美！'"但现在就连歌德的美文也无法控制脱缰的引力。

第三章

朝夕与永恒

6

粒子的一生

我们正渐渐习惯宇宙大尺度上的时间怪象，现在却要勇敢掉头，朝另一个方向走去。我们要从人类所能想象的最大物体转向物质基本组成的极小尺度。这种感觉是惊人的，因为我们一下子跨越了50多个数量级：这个跳跃令人眩晕，心都要跳到嗓子眼儿了。

病毒（比如引起全球疫情的新型冠状病毒）非常小，小到肉眼不可见，它们的尺寸通常在60~140纳米之间（1纳米为十亿分之一米）。1000个病毒一个挨一个紧贴起来，也就一根头发丝的厚度。如此微小的病原体只有借助专门的设备才能看见，比如能将物体放大几万倍的电子显微镜。但对基本粒子来说，病毒依然是庞然大物，病毒之于夸克就像地球之于足球，可谓天差地别。

质量方面，基本粒子也都很轻，光子甚至都没有静止质量。就算是顶夸克[1]等较重的基本粒子，相对于宏观物体也不值一提——不只是相对于恒星或行星如此，相对于一粒尘埃亦然。当进入无限小的世界时，我们就进入了由量子力学和狭义相对论统治的国度，这会让我们仅剩的一点儿传统时间概念也分崩离析。

千奇百怪的世界

物质由粒子构成，这些粒子通过交换粒子相互作用。这句话可用于总结玫瑰的香味是怎么来的，以及恒星内部的熊熊火焰如何燃烧。

对物质基本组成的研究已有上千年的历史。公元前600年前后，第一批古希腊哲学家开始为世界寻找科学的解释时就曾考虑过这个问题。今天，我们用奇怪的名字称呼基本粒子，但本质与阿那克西曼德等人将一切归结于土、火、水、气四元素也无甚差别。21

1.基本粒子之一，属于费米子中的第三代夸克，也是已知最重的粒子，质量达到173GeV，与铼原子相当，电荷为 +2/3，寿命极短，在 10^{-24} 秒内衰变成其他粒子。1994年4月26日发现于美国费米实验室。

世纪的科学家也是在寻找基本成分，通过它们的组合去解释周围物质的多样性。

"标准模型"是对这古老问题的现代回答。这是诞生于20世纪60年代末的一种理论，是经过一个世纪的观测和实验才得出的。自从这种理论被采纳，就有人对其争相质疑，力图证伪其中的某些预测，但迄今为止没有一个人成功。

我们知道，这是一个不完整的理论，原因很多，首先就是它没有考虑引力。宇宙中最常见的力却未被包括在标准模型描述的相互作用中，这着实奇怪。但其实也可以理解，因为在微观尺度上，引力的作用可以忽略不计。在宇宙空间中，当相互作用的物体质量巨大并相距遥远时，引力主导一切，但在描述物质基本成分的运动时它却变得无关紧要。至少在我们至今探索过的能量级上，基本粒子之间的相互作用是以引力之外的其他力为主的，它们超过引力许多数量级。

标准模型对其他许多现象也没能做出任何解释，比如它没有解释宇宙中为什么有那么多暗能量和暗物质，没有解释反物质都到哪里去了，没有包含导致宇宙暴胀的粒子，等等。总之，它在很多方面并不令人满意，不过它还是有着惊人的预测能力：它让我们准确地计算出了极短暂现象的最细微特征，并且将它们一个接一个系统性地观察到了；它预言了某些基本参数的微小偏离，这些也得到了极精巧的实验验证。然而我们迟早会需要一个更完整、更全面的理论来解释现在依然成谜的许多现象，它会包含"标准模型"作为在低能情况下的特例。当我们能做能量级很高的实验——高到我们引以为傲的理论也会被彻底动摇时，我们就会发现新的未知粒子或相互作用，这将让我们建立起更广泛的理论。但到目前为止，"标准模型"经受住了所有考验，是我们目前能掌握的可以用来解释世界的最佳理论。

在标准模型中，一切都归结于粒子。组成物质的粒子分为两大类，一类是六种夸克，另一类是六种轻子，每大类有三"代"，每"代"又有两种。夸克的三代两种为：上夸克和下夸克、粲夸克和奇夸克、顶夸克和美夸克[1]，都带电荷。轻子的三代两种包括带电荷的电子、缈子、陶子及各自对应的不带电荷的中微子。

1.现在一般称底夸克。——译注

夸克和轻子原本互不往来，不会主动相互混合，就像莎士比亚的《罗密欧与朱丽叶》中互为世仇的凯普莱特家族和蒙太古家族。它们需要拥有某种力量的另一个"家族"从中调和——第三家族的成员与二者的全部或部分成员有互动，如此二者之间才会产生运动和混合。这样的"调和者"包括：光子，传递对所有带电粒子起作用的电磁力；胶子，传递强力，与夸克作用而不与轻子作用，因为夸克带电荷而轻子不带；媒介向量玻色子W和Z，它们传递弱力，既与夸克作用又与轻子作用，因为二者都有弱同位旋；最后是有点儿落单的希格斯玻色子，它与其他粒子相互作用，定义其质量。

标准模型中的粒子非常小，使用通常的度量单位是没有意义的，因为那会让数字小到十分不便。这些物体很小，以至我们都还不能确定它们究竟是点状还是有一定的维度。例如，如果夸克和轻子有内在结构，那它应该在 10^{-19} 米以下。

质量也一样。以千克为单位去描述电子的质量就得写成 9.1×10^{-31} 千克，为了方便起见，我们一般以千兆电子伏特（GeV）[1]为单位来描述电子的质量。最重的基本粒子顶夸克的质量大约相当于173GeV，其他粒子都比它轻，中微子等粒子更是轻中之轻。

基本粒子运动在极微小的世界中，这里是狭义相对论和量子力学统治的国度。把电子加速到接近光速就像小孩玩游戏一样，因为它带电荷，所以加速起来非常容易，只要将其放在真空中并加上强电场，就能让它获得很高的速度。实现这一目标也不需要高精尖设备，医院里的X光机就能让电子以1/2光速射出从而产生X射线。

无穷小尺度上的物理规则控制着这些又小又轻的粒子，从中所产生的行为与我们习惯的行为大相径庭，显得十分怪异。不管是系统状态、时空，还是质量、能量，在基本粒子的世界中，一切都变得古怪起来。

暴增的质量和极度拉伸的时间

把很轻的电子加速到接近光速只需要一个强电

1.这是能量单位，换算成质量须除以c^2。——译注

场。这就是现代粒子加速器的原理，它能产生速度接近光速的粒子。理论上，光速不可超越但可无限接近，所以，如果我们能克服一些并非微不足道的技术困难，就可以让粒子达到99%的光速，然后是99.99%、99.9999%……

电子带有负电荷，因此会被电压高的一边吸引。当然，让它们获得速度的同时，也必须避免它们与物质的其他任何组成相撞，因为撞击会让它们失去能量并且速度大大降低，这就是为什么要让它们在抽成高度真空的管子中运动。

为避免使用太高的电势差，我们用环形机器让电子多次通过同一个加速区。适当分布的强磁场会弯折它们的轨道，让它们在圆环中运动并发生碰撞。

相对论的质量增长是需要解决的问题之一。越接近光速，电子受到的"加速"导致的速度增加的幅度越小，而质量增加得越多。加速时电磁场给电子的能量会让它变成"大胖子"。这又是一个让我们惊诧的狭义相对论效应，因为我们对此从未有过直观感受。在我们的世界中，持续给某个东西加速的话，增长的永远是速度而不是质量，比如，在高速公路上一直踩油门就能从仪表盘上看到速度在增加。这是因为我们开车达到的130千米/时相对于光速而言实在小得可怜，在接近光速时，输入系统中的能量无法再提高速度，因为光速不可超越，于是只能增加质量。这再次体现了相对论提出的质能等价。在日常生活的经验中，加速时物体的质量不会变，但如果接近不可超越的光速，质量就会不断增加而速度基本保持不变。

现代粒子加速器中的粒子束几乎都以接近光速的速度运动，并获得比静止质量大得多的质量。当碰撞发生时，蕴藏在其巨大质量中的能量冲击真空并激发出新粒子，能量又被重新转化为质量，在那一刹那，大爆炸之后迅疾消失的物质形式再现于世间。于是，大型研究机构就成了生产灭绝粒子的工厂，也可说是时间机器让我们可以再现并研究百十亿年前宇宙诞生时的现象。

注意：当粒子逐渐接近光速时，其质量只是相对于我们这些看着它们在真空管道中飞驰的人才有巨大的增长。如果有一个观察者和它们同行，就会看到它们是静止的，在这个运动着的参照系中，粒子质量一点儿都不会变。和运动方向上的空间收缩、时间拉伸一样，近光速粒子的质量暴增也是只有外部观察者才能看到的现象。

2000年夏天，在欧洲核子研究中心（CERN）的大型正负电子对撞机（LEP）中转圈的电子是物质原子中普通电子的20万倍重。当然，这会带来相当大的问题，比如同步和加速器参数调控，这些参数要随加速导致的质量猛增而调整。

质子被加速时，这种效果也很显著。质子不算基本粒子，是由两个上夸克和一个下夸克组成的，还有许多个胶子，有了这些胶子，才能把一切聚于强力的约束中。质子带正电，质量大约相当于1GeV，对质子的加速方法类似电子，只是要将电场两极的电势差反转。由于质子是复合粒子，质量是电子的2000倍，因此必须耗费大量能量才能将它们加速到接近光速。但质量大也给了它们一个很大的优势。电子在粒子加速中使用受限的主要原因之一就是它们太轻了。和所有做圆周运动的带电粒子一样，电子也会释放光子而失去能量。轨道上的粒子越轻，辐射越大，并且辐射随着能量的增长而猛增。对于比电子重得多的质子而言，辐射导致的能量损失则小得多，所以质子更容易被提高到更高能级。

目前最强大的加速器是大型强子对撞机（LHC），两束质子流在周长27千米的圆形真空管中相向运动，碰撞的能量达到13TeV（千GeV），也就是说两边的质子都具有相当于6.5TeV的质量，是其静止质量的6500倍。因为质子是由夸克和胶子组成的，所以其碰撞比较复杂，只有一部分可用能量（大概几个TeV）能转化为重粒子。现在，人们正讨论着要研发新的磁体，新建一个100千米的管道以达到100TeV的能量级，以产生质量相当于几十TeV的新粒子——如果存在的话。

电子加速器可以起到补充作用。因为电子是点粒子，所以电子碰撞简单得多，电子加速器也就成了进行精确测量并通过微小异常探索新物理学的理想机器。电子加速器的劣势在于不能达到很高的能量级。环形电子加速器的设计能级在250~500GeV之间，现在也有能达到几TeV的设计，但仅限于直线型加速器。

总之，涉及的都是相对论性物体，即加速到接近光速而质量变得巨大的粒子。大型正负电子对撞机中的电子是这样，大型强子对撞机中的质子亦然，这些粒子的时间都显著减慢了。

我们以大型强子对撞机为例：质子被加速并碰撞之后还要继续运动数小时，在此期间又碰撞无数次，实验物理学家记录下最神奇的碰撞及其产生的粒子。数小时后，强度减弱，要从加速器中取出剩余的质子束并放入新的质子束。特别走运的时候，这个周期会持续一整天。

现在，为了更好地理解发生的一切，我们暂且假设质子能说话，戴着一块表，能和LHC的中央控制室沟通，就像动画片里一样。我们来想象一下这个奇怪的对话："质子，质子，这里是主控，该出来了。""啊，已经到时间了吗？怎么可能？我们玩得正开心呢！你确定吗？我们刚进来没多久啊。""没错，时间到了，你们都玩了超过24小时了，也让别人开心开心啊。""肯定搞错了，我看着表呢，我们才进来13秒。你检查一下你的表，肯定坏了。""检查过了，好着呢。这就是相对论，亲爱的。"

在LHC中的质子看来，时间以正常的速度流逝，质量也没有变化。然而，从外部参照系出发，就会看到质子以接近光速的速度运动，质量变成原来的6500倍，而且最重要的是，它们的表每走一秒，主控室里就会过去近两个小时。

宇宙超级加速器

巨大恒星或黑洞的湍流现象也会产生大量近光速粒子。这些天体向太空喷射近光速物质，物质的质量因相对论效应大增，其上的时间也大幅变慢。如果这是一项极限运动，这些天体能拿冠军。

我们的地球始终沐浴在来自四面八方的粒子雨当中，在对其源头的追寻上，我们也有所进展。这些粒子雨被称为"宇宙射线"，诞生于太空深处，主要是由接近光速的质子和氦原子核组成，偶尔也有更重元素（可重至铅元素）的原子核组成，最罕见的是高能电子、中微子和光子。当高能带电粒子穿过大气层时，会与外层气体分子激烈碰撞，产生成群的次生粒子，就像LHC里的碰撞产生的粒子一样，这些粒子最终像雨滴一样洒向大地。

宇宙射线中有我们所能观察到的最高能的粒子。

与其中能级最高的粒子相比，LHC中因相对论效应变成巨人的质子也是小巫见大巫。最强宇宙射线的能量级可达地球最强加速器的一亿倍。

是什么机制能向宇宙发射如此高能的质子？又是什么活动成了让地球最尖端科技也汗颜的宇宙超级加速器？

绝大部分宇宙射线来自我们自己的银河系，一般认为它们产生于大恒星耗尽核燃料之后的超新星爆发。在这场大灾变中，极强的磁场和恒星外层物质一起被高速喷出，以"磁激波"[1]机制加速带电粒子。电磁力可以困住带电粒子，并迫使其做周期运动而逐渐获得速度。在我们的太阳中也能观察到磁暴导致加速的现象，等离子体释放出强大磁场碎片而加速带电粒子，但这样产生的宇宙射线到达地球时只有中等能量。如果磁激波是由超新星产生的就不一样了，粒子可以达到很高的能量级，甚至是LHC能级的几千倍。

不过，磁激波加速机制也解释不了最强的宇宙射线，其能量级是LHC的几百万倍。它们很可能来自银

1.按照作者意思是磁场突变引起的激波。——译注

河系之外。有人认为它们产生于活跃星系核，也就是处于狂躁期的超大质量黑洞，当吸积盘回吐而巨大的相对论性喷射形成时，从两极喷射大量近光速物质。如果喷射的轴线指向我们，那么产生的最高能粒子就可能到达地球。我们尚未搞清楚达到如此高能级的机制，但可以肯定的是，一旦搞清楚这一机制，人类就掌握了宇宙最强大粒子加速器的秘密。

最高能宇宙射线对质子有巨大的相对论效应：其质量会增长千亿倍，跨越几百光年的距离所用的时间也被缩短——这些质子经历1秒相当于我们过了3170年。

这些信使非常特别，它们的存在代表着相对论的胜利，但它们给我们带来的却是令人不安的消息。它们来到我们这宁静的宇宙一隅，似乎就为了警告我们："注意，地球人，不要以为宇宙都像你们周围这样平静而有规律，它也可以是一个非常危险而充满敌意的地方。"

它们是执着奔波的信使，就像古希腊的游吟者。它们不说话，仅凭自己的存在就让我们与神奇又可怕的宇宙深空取得了联系，无声讲述恒星的死亡以及黑洞吸积盘吞噬整个世界时发生的灾难。它们为此走过星系之间的巨大距离，但因为以近光速移动，所以这在它们看来不过是一刹那，而对于地球上的我们来说，已经过了千百年，只是与光竞逐、跨过浩瀚宇宙的它们，根本不会知晓这些。

红白砖小房子

代尔夫特是一座距离海牙和鹿特丹各几公里的荷兰小城。如果不是有着鲜明的特色和光辉的历史，它真的很容易被错当成那两个大城市的郊区。今天，那里只有10万居民，但在17世纪，在弗兰德斯的黄金时代，它是一个重要的政治和经济中心。在这个护城河和围墙围起的小城中，有许多高级手工艺者安家落户：制作昂贵地毯的织布工、制作瓷器的陶艺家——他们从意大利引进了最精细的技艺。代尔夫特为欧洲各宫廷生产的蓝白瓷盘、瓷砖、瓷器，是荷兰东印度公司从明代中国进口的青花瓷的主要竞品。代尔夫特还是"橙色家族"奥兰治-拿骚家族的基地，"奥兰治的威廉"在此立足后，这座小城就逐渐获得了"王公之城"的美名。

即使在今天，漫步在代尔夫特城中，依然可在不经意间遇见诉说着往日荣光的古迹：集市广场、俯瞰广场的市政厅、城中最古老的教堂、像比萨斜塔一样倾斜的教堂钟楼。老教堂的地面上，一块不起眼的灰色石砖表明史上最伟大的画家之一扬·维米尔安葬在此。

让我们漫步老城的大街小巷，一起追随维米尔的足迹：1632年他出生的房子（现在是一家餐厅）、他和妻子住了一辈子的红白砖房，以及圣路加公会（画家协会）旧址。要想成为画家就要加入这个行会，维米尔在21岁时入了会。

维米尔一生都在代尔夫特的城墙内度过，与债主的斗争不断。1652年维米尔的父亲去世，给他留下了一大笔债务，这可谓一场真正的噩梦。他真心爱上他后来的妻子卡特琳娜·博尔内斯，一位慈眉善目的天主教徒，两人于1653年成婚，他的许多室内肖像画都以她为模特。婚后，两人生了15个孩子，这些孩子都要穿衣吃饭。维米尔的小型人像画在代尔夫特的富商中确实有几个拥趸，但所得十分微薄，根本不够用。

他从没接到过富有商会的大单，出了代尔夫特城，他也没什么真正的名气，与弗兰斯·哈尔斯、伦勃朗等当时最著名的画家根本没法儿比。

维米尔的一生很短暂，他于1675年去世，时年才43岁，死时他依然债务缠身，身后留下40多幅小画，但在当时没人觉得那些画有什么特别。他的室内画中，有代尔夫特的特色蓝白瓷砖、那座红白砖小房子中的日常生活场景、戴珍珠耳环少女的倩影。今天，这些都成了无价之宝，世界上最有钱的富翁、最大的博物馆都愿意花天价买入一幅维米尔的杰作。未来改变了过去，将同时代的人看不上的一个外省平凡画家，变成了历史上最伟大的艺术家之一。

这一切始于1866年，当时，法国评论家泰奥菲勒·托雷·比尔热提出，这位不知名的代尔夫特画家可与荷兰黄金世纪的大师们比肩。从那时起，就像一条泛滥的河流，维米尔的画作先是征服了艺术家和知识分子，后来又普及大众。他的风格成了一种标志，关于他的书汗牛充栋，关于他的电影也有很多，维米尔"洗脑"般地进入集体想象。许多艺术家或哲学家在几百年甚至几千年后才被认为伟大，维米尔只是其中之一。我们以不同的眼光看待过去，重写过去，于是意义被改变，历史被重塑。正如豪尔赫·路易斯·博尔赫斯所说："每个作家都在创造自己的先驱，其作品改变了未来，同时也改变我们对过去的认知。"那么，这种发生在思想中的现象是否也会发生在物质世界当中？我们现在的动作能改变过去吗？这完全不是异想天开，因为在由狭义相对论和量子力学统治的微观尺度上，物质有奇特的行为，时间的流逝也有奇怪的特征。

我们已用简单量子系统做了许多实验。当我们操作光子、单个原子或任何量子系统时，系统状态在未被观测时都是不确定的，这是其与生俱来的性质。光子可以表现得像波也可以表现得像粒子，原子可以自旋向上也可以自旋向下，量子系统可以导电也可以不导电，也就是说，它的状态可以是1也可以是0。在观测之前，我们不知道系统究竟处于哪一种状态，可以假设系统跨越了所有状态，即经历了所有状态的叠加态，只有在被观测的一瞬间，系统才坍缩成某一特定状态。

注意：这种不确定性不是理论缺陷，也不是由于我们对初始条件了解不足。粒子或系统的状态在被观测之前本身就是不确定的，直到观测迫使其进入一个特定的状态。

最近开发出了"弱测量"的方法，也就是不会让系统状态彻底坍缩的测量。这些微弱扰动不会显著改变系统。弱测量得到的信息一般用处不大，结果纯粹是随机的，甚至是显而易见的：这个我们不知道处于状态1还是状态0的系统，它处于状态1和状态0的概率都是50%。总之，在经历一系列弱测量之后，我们知道的和之前一样多。

密苏里州圣路易斯华盛顿大学的教授凯特·默奇带领一些天才的研究员用弱测量进行了一项实验，取得了惊人的结果。他们使用了一个简单的超导电路，当电路被冷却到接近绝对零度时，其表现就像一个原子，会有两个能量级，分别对应1和0，二者之间可有无数种组合，即量子态的叠加。

为了继续进行的弱测量，该设备与数量有限的低能光子相互作用，这些光子无法改变能级，也就不会使系统坍缩成某一状态。系统没有被干扰，但光子带来的状态信息也很少。经过分析信息得出的唯一结论就是，系统处于两状态之一的概率各为50%。然后，他们进行"强测量"：让系统与能量足以改变系统状态的光子相互作用，系统叠加态消失，变成了某一确定状态，但实验结果将被隐藏。之后，他们又进行了弱测量，并综合强测量之前之后的两次弱测量进行分析，其结果令人惊异：现在通过弱测量可知，系统处于其中一种特定状态的概率是90%。强测量的结果也被揭晓，发现弱测量的预测是正确的。注意：只有当我们将强测量之前的弱测量，即那些本身没有产生结果的测量也纳入考虑时，才会发生作用。这就好像我们今天所得到的东西，即在强测量之后所做的弱测量，改变了我们昨天所得到的东西，即我们在强测量之前所做的弱测量。这结果无疑令人惊奇，似乎表明量子系统的未来可以实质性地改变过去，或至少某种信息形式可以回到过去，根据强测量的结果改变之前的弱测量。

经媒体报道后，这项实验很快成了大众眼中的时间可以倒流，时间旅行可以实现的证据。像往常一样，幻想远比我们对潜伏在无穷小世界里的各种奇妙现象的理解来得容易。

对此我建议最好采取谨慎的态度，就像对待其他情况一样。量子力学有无数我们还未理解的微妙之处，完全可以有另一个没那么天马行空的简单解释。事实上，必须做完强测量之后再做弱测量，这就应该敲响我们心中的警钟。过去的事件可以被未来的事件影响吗？似乎可以，但前提是结果已知。尽情发挥想象之前要明白，虽然量子力学很管用，我们每天都在用，但我们还没有完全知其所以然。就目前而言，微观系统中未来可改变过去还只是一个想法，最终，它可能会是一个可怕的骗局，也可能会引领我们走向对自然的新理解。

7

无穷小中的时间

希腊最高山奥林匹斯山看起来很普通，如果不是因为希腊神话里说它是众神所居之处，人们很容易走过错过而对它完全不知。因其最高峰米蒂卡斯海拔近3000米，经常云雾缭绕，于是便成了人们眼中特别的所在、众神居住的地方：缪斯女神住在赫利孔山，潘神住在阿卡迪亚麦纳洛山的山坡上，阿波罗住在帕纳塞斯山。有人大胆提出，在荷马时代之前，山顶周围曾有极光现象出现，变幻的彩色光影让人以为是巨灵族战斗时的刀光剑影。总之，古人相信这是众神的家园，也是雷霆之神宙斯的宝座所在。十二主神都是超自然的存在，饮甘露而长生不死，在天上看着人间众生，但他们很少会冷眼旁观，更多情况下是全情投入，掺和凡人之事，既会表现出他们最高尚的一面，也会表现出他们最卑劣的一面。

标准模型中的基本粒子相互组合，可以产生上百种不同的物质物态，但绝大部分只能维持极短的时间。宇宙中的稳定物质都是由电子、质子、中子、光子和中微子组成的——这些是很小一部分粒子，它们不会衰变成其他粒子，而且寿命长到几乎可以认为永生不灭。这一小部分特选粒子可以看着其他物质形式生生灭灭，演进发展，而无须在意时间的流逝，阅尽风云依旧镇定自若。

神奇的是，如果将相应的反粒子也算进来，那么三种中微子和三种反中微子、电子和正电子、质子和反质子、中子和反中子，再加上光子，这个家族一共有十三个成员，刚好接近奥林匹斯的十二主神，而且，在这种情况下，光子的存在可确保处理雷霆霹雳——长久维护宙斯统治的武器。

天选之子

让我们再重复一遍：绝大部分基本粒子只能存在几乎不可察觉的一瞬间。遗传学家的最爱——果蝇的寿命不超过两周，而且一年可以繁殖几十代，但相对于最不稳定的基本粒子而言，可算是万寿无疆了。某些基本粒子在万亿分之一秒内就会消失，另一些的存在时间更是短到没有合适的词来形容：十亿分之一的十亿分之一的千万分之一秒？这也太绕了。这时我们就要借助于数学，写成 10^{-25} 秒，尽管我们也很难真的明白这究竟有多短。

与这种瞬息生灭形成鲜明对比的是电子和质子，它们几乎可算是永生的。电子是最轻的带电荷轻子，轻和带电荷这两种性质让它免于衰变，否则必然会违反某个守恒定律：衰变成其他带电荷粒子会违反能量守恒定律，因为其他带电荷粒子都比电子重很多；衰变成中微子之类的又会违反电荷守恒定律，因为中微子虽轻却不带电荷。因此，电子只能永生不灭。事实上，我们为探测也许极偶发的电子衰变设计了精细复杂的实验，但都铩羽而归，一次衰变都没有发现，倒是从中得出了电子平均寿命不低于 10^{24} 年的结论，要知道，从大爆炸到现在也才过去了 1.4×10^{10} 年。也就是说，家里电线中流动的电子，在我们指尖原子中的电子，都在宇宙诞生之初就来到了这个世界。它们如此古老，却依旧孜孜不倦地发挥着自己不可或缺的作用，仿佛它们依然年轻而充满活力。

更令人惊奇的是，质子也是永生的。它不是基本粒子，而是由三个最轻的夸克（两个上夸克和一个下夸克）组成，互相有胶子传递强力。这三个夸克的总质量大约相当于0.01GeV，并被1GeV左右的结合能束缚在一起。结合能是其总质量的100倍，这是非常强大的约束，可以将一切都控制在极小的空间中，形成极为致密牢固的结构。

质子稳固到几乎能存在于任何环境当中，就连恒星中心极高的温度和压力也无法撼动它，质子被迫聚合成更重的原子核时产生的强大能量，也不能让它解体。因为结合能仿佛不可逾越的高墙，阻止其解体。要想打碎质子，需要高能宇宙射线或现代粒子加速器，或超大质量黑洞的近光速喷射及类似能级的宇宙灾变。质子还存在于所有主要物态当中，而且从不衰变成更轻的粒子。科学家们想找到偶然的质子衰变，却不得不向证据低头：就算用最强大的设备观察数年，也看不到一例质子衰变。就我们目前所知，质子是一种几乎永生的物质状态，平均寿命超过10^{33}年。

宇宙形成恒星、星系、行星系统的过程已经很漫长了，但就算宇宙的年龄是现在的几十亿倍，质子也能安然度过而丝毫无损。

中子则更神奇，它好比质子的堂兄弟，二者的组成非常相似，中子也由最轻的夸克组成，不过是两个下夸克和一个上夸克。胶子提供强力将它们束缚在一起，形成不带电荷的粒子，其质量与质子相似但稍重。就因为比质子重，所以中子可以衰变成质子而不违反能量守恒定律。实际上，自由中子，也就是未和质子束缚在一起组成原子核的中子，很容易就衰变成质子。自由中子不会存在很久，很快会衰变成一个质子、一个电子和一个反中微子，平均寿命在一刻钟左右。神奇的是，中子在原子核内部就不会衰变，它和原子核里的其他中子及质子相互作用，没时间想衰变的事，其平均寿命会增加到 10^{31} 年以上。

中微子和光子也是很稳定的粒子，它们可以被其他物质形式吸收，可以与之相互作用，但独立存在时也不会衰变成其他粒子。轻盈而羞赧的光子和中微子形成一层薄云，笼罩着整个宇宙。百十亿年前，它们脱离了物质的怀抱，从此在宇宙中长久地游荡。中微子在大爆炸之后不到一秒就挣脱出来了，光子则耐心地等待了38万年，等到时空的膨胀让温度降到足够低。当那一刻来临时，它们突然就从物质中逃逸出来。它们从此就自由了，飞向四面八方，随着宇宙的膨胀，能量逐渐减弱，从而变成现在包围着我们的、来自各个方向的原始宇宙辐射。

稳定粒子是所有已知稳定物态的基础。蝴蝶如何扇动翅膀、致密到一咖啡勺就重达3亿吨的中子星如何运动，都可以用它们来解释。

千百年过去了，这些微小粒子却未受到丝毫影响，没有任何损耗的迹象。时间在这个不朽的世界中流过，不留一点点痕迹。一切都让我们觉得，对于它们来说，时间是不存在的。

我们不知道质子和中子之外的其他粒子有没有内部结构，如果有，那也应该是非常稳固的，可以无限期地在毫无损耗的情况下运行。

正是有了这些稳定粒子，才有了我们。一个不稳定且不持久的世界，是不可能产生复杂生命体的，而生命体的演化需要数十亿年。稳定粒子会无限期地延续下去，即使它们有一个准确的诞生时间，我们也已经能详细描述每一个细节，但我们还是不知道它们有没有终结之时。就算有，应该也不会是其内部结构有弱点所致，而是因为完全出乎意料的事情打破了自古维持它们的运行、似乎会永远持续下去的完美机制。

朝生夕灭的国度

我们刚刚用一首以大调开场的交响乐来赞颂稳定粒子，给人以宏大稳定之感，但突然杀出的增四度[1]又让我们陷入不安。

丰特阿维拉那修道院建在马尔凯的亚平宁山脉的卡特里亚山的林间，离文艺复兴名城乌尔比诺只有50多公里。它始建于10世纪末，公元980年前后，一些修士选择到此隐居。它是欧洲最古老的修道院之一，也是嘉玛道理会的会堂——嘉玛道理会奉行隐修，名称来自阿雷佐附近的卡马尔多利隐修院[2]。

---

1. 亦称三全音，即音程上三个全音的距离（六个半音），这个音程的声响特性就是极度的不安定、诡异。
2. 嘉玛道理会的意大利文是 Ordine Camaldolese，卡马尔多利是 Camaldoli，音译有别。——译注

丰特阿维拉那修道院的建筑结构很复杂，仿佛迷宫一般，这是多次改建、扩建的结果。修道院内有古老的书写室，光线很好，以前的抄写员就在这里抄写最古老的经卷。珍贵手抄本被保存在富丽堂皇的图书馆中，图书馆入口处用希腊文写着"psychés iatreíon"——"治愈灵魂之地"，很好地体现了文化的重要性。

　　管理修道院的修士允许游客在旧宿舍内过夜。宿舍虽然都已经改造过，但依然有著名修士在此居住的痕迹——他们的名字被标记在门头上。机缘巧合之下，我被分到了圭多·莫纳科（即阿雷佐的圭多）的房间，于是，我有幸在现代记谱法发明者住过的地方过了一夜。

　　这位本笃会修士在1035年至1040年任丰特阿维拉那修道院的院长。修道院图书馆里保存着他的一些手稿，游客可以申请查看，但不能触摸。圭多·莫纳科创造了现代记谱法，1000年后的今天，我们还是用施洗约翰赞歌各句的首音节来唱那些音符：Ut Re Mi Fa Sol La。

　　圭多·莫纳科最早发现相距三个全音的不协和音

程会让人特别难受，甚至让听众的血液凝固，以至人们认为它是魔鬼亲手所造的。难怪20世纪70年代重金属摇滚乐队"黑色安息日"最著名的乐段、许多恐怖片的原声、警笛和火警警报都用到了这"魔鬼之音"。

增四度制造出一种紧张和恐惧的氛围，仿佛宣告着有什么可怕的事情将要发生。而在这里，我们也要迅速换个调子，从稳定粒子的光辉世界转向瞬息生灭、令人不安的物质形式。就好像各部齐奏的交响曲在一瞬间停下，空气中只剩几个无规律的颤音，以及回荡在远处的鼓点。

我们坠入不稳定粒子的可怕旋涡。不久前，我们还根本不知道这些粒子的存在。它们瞬息生灭，就像让哈姆雷特陷入深深绝望的鬼魂。

除了上一节说过的稳定粒子，其他基本粒子及其组合都很不稳定，产生之后很快就会消失，如烟花一般。它们可由宇宙射线的撞击产生，或在加速器中产生，但它们的寿命都很短，因为它们会立刻变成稳定粒子。

衰变是随机的。只要遵守能量守恒、电荷守恒等定律，较重粒子就会衰变成较轻粒子，直到最终产生稳定粒子，衰变才结束。这一过程是自发的、无法控制，且概率不随时间变化。也就是说，如果在一段时间内有1/3的粒子衰变，比如90个中有30个衰变，那么接下来在相同时间内，剩下的60个会衰变20个，以此类推。

这种完全随机的机制让粒子的生死与生命体非常不一样。如果人口的预期平均寿命是80岁，那小时候就死去的概率会很低，随着年龄增长，死亡概率也增高，接近平均寿命时死亡概率达到峰值，随后又陡然下降。许多人能活得很久，有些还会成为百岁老人，但谁也不能活上几百年。基本粒子就不一样了，衰变概率不随时间变化，许多粒子会立刻解体，但也有些走运的粒子能活5个甚至10个平均寿命。

不稳定次原子粒子的平均寿命取决于让它们衰变的力，力越强平均寿命越短。最走运的、活得最久的是弱力作用下衰变的粒子，它们能存在大约10^{-6}到10^{-13}秒。如果衰变由电磁力导致，粒子的平均寿命就会下降到大约10^{-16}到10^{-20}秒。如果衰变由强力导致，粒子寿命则可短至10^{-23}秒左右。

是什么在控制这些现象？是否有一个内部时钟？这些都不知道。我们只知道衰变是随机过程，受能量涨落控制，而能量涨落与粒子的量子行为有关。这些粒子瞬间出现又瞬间消失，100年前我们甚至都还忽略了它们，但事实证明，它们对于理解控制物质的法则至关重要。在大爆炸之后的极端条件下，就是它们充满了初生的宇宙。在实验室研究它们，就可以知道宇宙诞生之初发生了什么，以及在形成今天这些稳定物质之前它们又经历了哪些转变。最重要的是，这个不稳定而瞬息万变的世界，让我们掌握了物质基本粒子的深层对称。如果没有这些"鬼魂"的帮助，科学家就会像哈姆雷特一样，永远无法明白究竟发生了什么。

渺子勇猛的一生

渺子和电子一样是带电粒子，所以会受到电磁场的影响，但是，由于它的质量大约是电子的200倍，因此其加速度要比电子慢得多，也很少放出光子。渺子比电子更能穿透物质，穿透性仅次于不带电、只和物质有弱相互作用的中微子。渺子可以不受阻碍地穿透几千米厚的致密岩层，要想截获它们总是很难。

渺子穿透力的限制之一是它的不稳定性——它会衰变成电子和中微子。因为使其衰变的是弱相互作用，所以渺子的平均寿命相对较长，有2.2微秒（1微秒等于百万分之一秒）。这看似很短，但相对于其他不稳定粒子来说可算是长命百岁了。当它们以接近光速的速度运动时，就会变得所向披靡，也大有用途。由于渺子的质量大约相当于0.1GeV，所以加速到接近光速相对容易，这时，其平均寿命也会大幅增加。

最常见的近光速渺子来自宇宙射线，能几乎不受阻碍地穿过我们，就像看不见的细雨从四面八方而来。它们由高能质子产生，这些质子走过宇宙深空，与离地面15到20千米的大气层外层中的原子撞击而产生这些渺子。不过，若没有很强的相对论效应，这些渺子也绝不可能到达地面，就算以最高速度（光速）运动，它们也跑不过700米。但是，我们在海平面甚至地下深处的洞穴中却能探测到稳定的渺子流。这是对狭义相对论的又一有力印证。高层大气中产生的渺子中，有将近一半以99.9%以上的光速运动，因此，它们的寿命是其平均寿命的25倍，可以毫无问题地穿过16千米以上的大气层。通常在它们的参照系中，时间不会改变，衰变还是按照2.2微秒的平均寿命规律地进行，但对于从外部观察的我们来说，它们的存在时间被拉长了。这就是为什么就算我们在沙滩上晒太阳，或在日内瓦附近地下100米进行紧凑渺子线圈（Compact Muon Solenoid，缩写为CMS）[1]实验的洞穴里工作，也会有一部分渺子能来到我们身边。

我们可以想象乘着渺子飞翔，就像斯坦利·库布里克的电影《奇爱博士》中"金刚"少校乘着核弹一样，但我们要做好被这种情况下会发生的种种异象吓到的准备。现代粒子加速器中碰撞产生的渺子可达到几千GeV的能量级，相对论性的时间拉伸导致其平均寿命明显延长。LHC能产生1TeV能量级的渺子，其平均寿命约为1/50秒，这意味着如果方向合适，渺子可以畅通无阻地穿过整个地球，出现在新西兰附近的南太平洋地区。渺子中的能量冠军由最强宇宙射线产生，能量级可达到LHC渺子的100倍，它们可以存

1.大型强子对撞机的粒子探测器部分，采用巨型螺管式磁铁来测量光子、电子、渺子等粒子的动能。

活几秒。

宇宙射线渺子的穿透力有意想不到的用处。几年前，报纸刊登过埃及胡夫金字塔内发现密室的新闻。这一消息引起了轰动，特别是其中寻找密室的技术，不靠印第安纳·琼斯式的冒险，也不靠走密道，考古学家和科学家运用了渺子成像技术，也就是利用穿过金字塔的渺子流来给金字塔拍片，就好像我们在医院里使X射线穿过我们身体进行CT扫描一样。如果被穿过的物体不均质、有空洞而导致局部密度较小，那渺子与这部分的相互作用也少，这样就可以按粒子流的变化形成一个图像。用来扫描金字塔内部的这项技术也被用于其他研究，比如给大型火山的岩浆室成像。

渺子的平均寿命可以拉长这一点，催生了最近的渺子加速器计划。这种机器的优势非常大。渺子的撞击非常"干净"，因为它和电子一样是点粒子，但它又可以达到非常高的能级，可被加速到几十 TeV 而没有显著辐射，就和质子一样。另一个不可忽略的优点是其加速环轨可以比未来环形对撞机（Future Circular Collider，缩写为 FCC）等巨型设备小得多，一个渺子加速器可以被安置在更小的隧道中，从而节省很多磁力和基建成本。

为了使渺子的寿命足够长，以便注入加速器中使其循环、碰撞，需要设计一个预加速阶段，来让渺子的能级达到几十 GeV，这就足以将其平均寿命延长几百倍。

建造这种"梦想加速器"的主要难题是如何产生大量适合放进对撞机加速的渺子。现在至少有好几项研究正在寻找合适的技术方案，如果能够取得成功，很快就会在加速器领域开辟一条新路径，届时，渺子加速器将和传统的电子加速器、质子加速器并肩而立。

夸克的美丽、璀璨和羞怯

我们给 b 和 c 两种重夸克取了非常直观的名字：b（beauty），美夸克；c（charm），粲夸克。它们也是不稳定的，和渺子一样会通过弱相互作用衰变，但它们的平均寿命比渺子要短得多，一般在 10^{-12} 秒到 10^{-13} 秒之间。这个时间短到连最精细的时钟都很难度量出来。这一次，又是时间的相对论性拉伸拯救了我们。

这两种夸克比较重，粲夸克的质量大约相当于

1.3GeV，美夸克的质量则可达4GeV以上，它们各自都比质子还重。它们和其他夸克组合成的物质状态更重，也更不稳定。由于它们的质量很大，将它们加速到接近光速很不容易，不像电子和渺子那样很快能做到。不过，用现代粒子加速器将粲夸克和美夸克的质量增加到几十GeV还是不难实现的。

为了测量粲夸克和美夸克的平均寿命这样短的时间，我们要从时间转向空间，也就是说，我们要测量粒子在衰变为次生粒子之前以光速走过了多少距离。夸克诞生时"赤身裸体"，但是我们无法看到它的这种状态，"强相互作用禁闭"使我们无法将它们作为单个夸克来研究。由于夸克带色荷，所以会参与强相互作用，而强力让它们立刻结合，仿佛光着身子很害羞，生怕别人瞥见自己最隐秘的样子一样。它们从高能碰撞中诞生后立刻就会聚合，变得更规整、更复杂，但只要新粒子衰变了，它们的存在也就显露无遗了。如果发现了只属于粲夸克和美夸克的平均寿命，那也就有无可辩驳的证据证明在表面之下隐藏着这两种夸克。

真正的挑战在于找到"次级顶点"。我们能以不错的精度知道粒子流相撞点，而且撞击（比如LHC中两质子相撞）产生新粒子的点——"初级顶点"也可以通过撞击区域电痕迹的交叉来确定。同样，我们可以通过衰变区电痕迹的交汇来确定"次级顶点"，也就是美夸克衰变并放出一场"烟花"的那个点，这样便可通过次级顶点与初级顶点的距离，间接测得美夸克的平均寿命。

一切都归结于痕迹测量的精度。次级顶点与初级顶点的距离极小，有时只相隔几分之一毫米，只有用最先进的痕迹测量设备才能测出。幸亏超敏感、极精确的新式传感器被研发了出来，直到几十年前还像做梦一样的事情现在变成了常规操作。

随着特殊设备的出现，我们的痕迹测量精度现在能达到10微米以下（1微米等于千分之一毫米），并且可以找出与初级顶点相距小于100微米的次级顶点。凭借如此强大的工具，测量短至10^{-13}秒的平均寿命并不困难，可将这个时间转换为衰变前走过30微米左右。如果考虑到LHC中撞击产生的美夸克和粲夸克都几乎是以光速运动，那么衰变前走过的距离会变成1毫米左右，这是可以精确测得的。不过，测量短至

10^{-13}秒的平均寿命已经是目前通过不稳定粒子的运动测量其平均寿命的极限。

要测量短至10^{-16}秒的平均寿命，可以尝试一些特别的方法，但需要放弃对撞机而采用固定靶，让粒子束击打固定的目标。通过这种方式，可以实现万倍以上的时间拉伸，但即使是这种极限技术，也无法测量与强相互作用相关的极短平均寿命。

找出次级顶点并以此推断撞击产生重夸克的方法促成了许多发现，包括发现最重的夸克——顶夸克。

顶夸克是所有已知基本粒子中的质量冠军，产生之后立刻衰变。它如此急于从环轨中消失，以致还来不及"穿衣服"就解体了。它是唯一"光着身子"死去的夸克，平均寿命据估计在5×10^{-25}秒左右。它在衰变前走过的距离是无法测得的。其衰变虽由弱相互作用导致，却是在极短时间内发生的，因为顶夸克太重，而它被弹射到的环境太冷、太不友好，因此它连一瞬间都活不到。只有在周围的能量密度极大时，它才能安心待着。宇宙诞生的瞬间，它曾有过短暂的幸福时光、稍纵即逝的黄金时代——温度高到让它可以和其他夸克、胶子一起自由奔跑，但新生宇宙一冷却，一切就都戛然而止了。

有趣的是，顶夸克衰变时总会放出 W 玻色子和美夸克，而美夸克自己也会在走过一段可测量的距离后衰变。因此，通过搞清楚美夸克的衰变，再配上一个 W 玻色子，就可以知道哪些粒子来自顶夸克。正是由于这种明确的特征，1995 年美国费米实验室使用正负质子对撞机第一次发现包含顶夸克的事件。今天，LHC 还在用相似的技术来反推上百万顶夸克，并详细研究其所有性质。

希格斯玻色子虽然比顶夸克轻，但也是很重的基本粒子，寿命也很短，平均寿命估计在 10^{-22} 秒左右，基本在初级顶点就会衰变产生粒子。这又是给实验物理学家下达了几乎不可能完成的任务：这么短的平均寿命怎么测？下一节我们就将看到，要做到这一点，还是要靠量子力学。

8

十分特别的关系

和顶夸克、希格斯玻色子一样，W玻色子和Z玻色子也非常不稳定。标准模型中较重的粒子都有相同的命运：产生之后立刻消亡，只存在极短的一瞬间。将W玻色子和Z玻色子的质量与其他基本粒子相比就会发现，它们毫无疑问也属于"巨人族"。不过，它们的大小却可忽略不计，是完完全全的点粒子，可以在一个无限小的空间内集中一个金原子的质量。仿佛是相应的某种惩罚，它们的存在注定是最短暂的。

它们的平均寿命在 10^{-22} 秒到 10^{-25} 秒之间，没有任何设备能测得它们衰变之前走过的路径。就算以光速运动，它们走过的距离也只是介于质子大小和夸克大小之间。另外，由于它们非常重，就连最强大的加速器也无法赋予它们足够的能量来将平均寿命拉长到原来的几百万倍或几十亿倍——这对于测得它们的飞行时间是十分必要的。

为了测量如此短暂的时间，人们必须采用完全不同的特别方法——利用物质分解成基本粒子时的奇特性质。

双生的狄奥斯库洛伊兄弟

所有粒子都遵守量子力学的法则。不管微观世界的物质行为看起来多么奇怪，它们就是由这些法则掌控的，这已被验证了无数次。了解了这些规则，我们才造出现代社会人类活动赖以存在的精巧工具。如果老天突然开了个奇怪的玩笑，让量子物理不再起作用，那包括飞机和汽车、医院和通信、手机和电脑、工厂和物流在内的一切都会停止运行。

量子力学的基本法则之一是不确定性原理，而测量极短平均寿命的关键正在于此。

在经典物理学中，我们可以随便选择两个物理量，比如一辆法拉利冲过F1比赛终点线时的速度和位置，两个物理量可以同时测得而没有精度限制。但这在量子物理中是不可能的，在这里，一个新的规则禁止"不相容量"被同时测准。如果将其中之一的不准确性降为零，另一个的不准确性就会无限大。位置和动量就是一对典型的不相容量。

通常，不确定性原理会被解释为与测量动作的扰动有关的不确定性。为了确定电子的位置，我们可以使用高能光子并测量它们的发散角度，但光子与电子发生相互作用时，就会改变电子的速度。不过，1927年德国物理学家海森堡提出的这个原理还有更深的含义：它涉及量子系统的典型特征，即在所有可能的状态中摇摆不定，直到测量发生时才突然归于其中一个状态。

我们来看一个简单的例子。足球比赛开始时，裁判会通过抛硬币来决定哪一方先开球，硬币在空中运动时一直在两个可能状态之间转换，好比在同一时刻既是正又是反。直到硬币掉到草坪上的那一刻，这两种互斥状态的叠加才被打破，硬币不是正就是反，不再模棱两可。

就算没有测量带来的扰动，量子物体的两个不相容量也不会同时有准确的值。当我们在测量时，会记录到系统某一特定状态的不确定性，但其实所有状态都有这种不确定性。量子系统并不能无限自由地经历所有可能的状态，而是有严格的规律要遵循，尽管我们对其中的意义还不甚明了。不确定性原理就是这些规律之一，是谁也无法打破的禁忌。

这是量子力学中我们尚不完全理解的诸多事情之一。它是一个非常有效的理论，我们一直都在用，尽管我们不知其所以然。诺贝尔奖得主理查德·费曼曾在20世纪70年代说："没有人明白量子力学。"这话在今天依然成立。在不确定性原理及我们每天都在验证的其他规则及现象之外，还有我们尚不知道的东西，可能在背后有我们不了解的对称及守恒法则在起作用。在还无法探索它之前，我们必须接受继续运用量子物理却无法进一步解释的挫败感。

能量和时间也是不相容量，服从不确定性原理。如果我们想精确地知道其中之一，就必须接受另一个的极大不确定性。能量浮动 ΔE 乘以时间变化 Δt，应大于等于 $h/4\pi$。因为普朗克常数 h 的值很小，所以在宏观世界中，我们可以放心忽略这个影响。就算测量得非常精细，我们也无法感觉到不确定性原理的限制，因为实验本身的不精确性要大得多。

能量和时间被不确定性原理不可分割地连在一起，此消彼长，一个的精确度提高，另一个的精确度就会降低。反之亦然。

这让人想起希腊神话中的狄俄斯库里双生子卡斯托耳和波鲁克斯。他们优势互补，一个善于驯马，一个善于格斗，两人一起参加了无数的战斗，共同做出了许多壮举，其中最著名的就是随其他阿耳戈英雄到科尔基斯寻找金羊毛。传说，他们的母亲是勒达，卡斯托耳的父亲是斯巴达之王廷达洛斯、勒达真正的丈夫，而波鲁克斯则是宙斯化作天鹅与勒达所生。勒达在同一个晚上先和众神之王交合又和丈夫同床，怀上了这两个孩子。两兄弟一起长大，二者有着非常强烈的感应，但卡斯托耳是会死的凡人，而波鲁克斯则拥有不死之身。

卡斯托耳战死沙场时，波鲁克斯悲痛欲绝，他请求父王宙斯让自己死去，以便到冥界与弟弟重逢，并永居于亡者的国度。为了不失去儿子，宙斯准许卡斯托耳在奥林匹斯山过一天，在冥界过一天，让两兄弟可以继续一起生活，在光明与黑暗之间交替出现。

卡斯托耳和波鲁克斯被称为"狄俄斯库里兄弟"，意为"宙斯之子"。现在"狄俄斯库里"被引申为失去手足而悲痛万分的人。黄昏之星赫斯珀洛斯与清晨之星福斯福洛斯[1]的交替出现，也被认为与这两兄弟有关[2]，后来人们才知道这两颗星其实都是金星——黎明、黄昏时天空中最亮的星。毕达哥拉斯学派也用这两兄弟的形象来代表宇宙的和谐——两个天体半球交替出现于大地上下，循环往复。两兄弟的联合由此成为永生不死的象征，并出现在许多古罗马石棺上，而卡斯托耳和波鲁克斯的宏伟雕像今天也矗立在罗马卡比托利欧广场的入口，欢迎着来到此地的游人。

抓住卡伊洛斯的头发

限制我们获取知识的原理，也可以反过来用于扩展我们的知识。我们可以换个角度理解不确定性原理：在极短的时间内，系统能量的不确定性可以非常

1.中文分别称为长庚星和启明星。——译注
2.一般的说法是两兄弟升上天空变成双子座。——译注

大。系统不停经历所有可能的状态，当然也可能经历能量非常高的状态，只要时间非常短。

对这一理解的运用之一，就是解释不稳定粒子的衰变。比如，渺子如何在弱相互作用之下衰变？它在衰变成电子和中微子时，要放出一个传递弱力、重达80GeV的W玻色子。质量仅相当于1/10GeV的粒子如何能产生是自己800倍重的物体？这似乎是不可能的，除非违反能量守恒定律。

实际上，这个过程分两个阶段发生。第一阶段很短，渺子在随机涨落中变成中微子并释放出较重的W玻色子。如果这一阶段的时间短到被不确定性原理允许，那就不会违反任何规则，不会有任何差错。但W玻色子一定要迅速从现场消失，分解成一个电子和一个中微子，这就是第二阶段。于是，这个过程中一开始是有一个渺子（带电），很短时间后有一个电子（也带电）和两个极轻的中微子，最终状态的质量小于初始质量，这意味着电子和中微子不会静止，而是具有动能。综合来看，初始粒子的能量和衰变产物的能量相等，没有违反能量守恒和电荷守恒的铁律。渺子发生能量涨落并放出W玻色子而衰变的过程完全随机，所以在任一时间间隔内发生衰变的比例是一样的。量子力学和不确定性原理让我们可以理解不稳定粒子衰变曲线的特征走向。

需要强调的是，衰变的发生需要一个高能中间粒子，不确定性原理允许它出现，只要存在时间足够短暂，短到无人能够记录。因存在时间太短而无法直接观察到的粒子称为虚粒子，它们就像幽灵一样出没在实粒子周围，稍纵即逝，能逃过任何观察。

我们正是利用了不确定性原理来测量最大质量和最不稳定粒子的平均寿命，窍门就在于尽量测准其质量（或者说能量）。

对于平均寿命几乎无限长的稳定粒子，将有充足的时间进行无数次测量，直接测出质量并得出一个非常清晰的概率分布，因为不确定性原理导致的不准确性是可忽略不计的。但对于平均寿命很短的粒子，我们就无法直接测量其质量，因为时间不够。

不过，我们可以测量衰变产生的所有粒子的能量，由此找出母粒子的质量。需要注意的是，就算实验精度无限大，每次测量的结果也会略有差别。毕竟是母粒子自己的能量在无限短的存在时间内涨落变化。多次测得初始粒子的质量后，我们会发现一个钟形的概率分布（称为"共振曲线"），其最高点对应中间质量，粒子平均寿命越短，曲线越宽。这就是巧妙所在：测量这个分布的宽度，也就是不确定性原理中的 ΔE，我们就能得出 Δt——粒子的平均寿命。

不确定性原理让我们能够抓住稍纵即逝的卡伊洛斯（Kairós），那短到无法测量的时刻。古希腊人将他表现成一个年轻人，留着我们今天会觉得很朋克的奇怪发型：额前留一撮，后脑勺全剃光。这是一个难以捉摸的神，代表神奇的时刻、突现的机会、会改变一切的意外瞬间，是卡尔·奥尔夫的《布兰诗歌》里歌颂的"世界之主，命运女神"（Fortuna imperatrix mundi）。

不确定性原理让我们可以在卡伊洛斯迅速转身而去，只留给我们光秃秃而无处下手的后脑勺之前，抓住他额前的那一绺头发。海森堡提出的不确定性原理看似限制了我们的测量能力，结果却成了我们抓住较重基本粒子极短平均寿命的窍门。

以能量测时间

当我们用不确定性原理去计算粒子的平均寿命时，还会遇到另一个悖论：衰变粒子的质能涨落 ΔE（实际要测量的量）与其平均寿命 Δt 成反比。于是事情出现了反转：之前我们一直能毫无问题地测得较长的平均寿命，测很短的平均寿命则有困难；现在正相反，平均寿命越短，描述粒子质量的钟形曲线就越宽，于是也越容易准确测得。比如，用现在的设备可以很容易地测得几 GeV 的曲线宽度，但它对应的平均寿命非常短，只有 10^{-25} 秒左右。要算出更长的平均寿命须测得更窄的曲线宽度，这可不容易。这也解释了为什么 W 玻色子、Z 玻色子、顶夸克的平均寿命都已确定，而希格斯玻色子的平均寿命却依然令我们头疼。我们预计希格斯玻色子的平均寿命是其同类的 1000 倍，这意味着一个非常窄的曲线宽度，而这个宽度就连最精密的仪器也无法测出。

"巨人粒子"中平均寿命最精确的是 Z 玻色子，这要归功于欧洲核子研究中心在 LHC 之前的加速器 LEP——正负电子对撞机。正负电子都是点粒子，且点粒子非常"干净"的碰撞最适合进行此类测量。LEP 从 1989 年运行至 2000 年，产生了几百万个 Z 玻色子，因此，我们才得以准确测出其曲线宽度：约 2.5GeV，对应 2.2×10^{-25} 秒的极短平均寿命。

LEP 还产生了相当多的 W 玻色子，其曲线宽度为 2.1GeV，比 Z 玻色子略小，因此对应的平均寿命也稍长，为 3×10^{-25} 秒。

LEP 的能级不足以产生顶夸克对或希格斯玻色子，因此，我们还不能在理想环境中测得这二者的平均寿命，只是在 LHC 中通过各种方法进行了估算。质子是复合粒子，碰撞相对复杂，测量起来也很困难。目前，对顶夸克的曲线宽度及其对应的平均寿命已经有了粗略的估计，在较大实验误差下，其曲线宽度在 1.3GeV 左右，对应的平均寿命在 4×10^{-25} 秒左右。

希格斯玻色子值得单独拿出来说一说。根据标准模型预测，希格斯玻色子的质量相当于 125GeV，也就是说其曲线宽度仅有 0.004GeV。其质量的不确定性很小，共振曲线非常窄，LHC 的任何实验设备都无法直接测量它，于是，我们想了一些巧妙的办法进行估算。目前的结果显示，希格斯玻色子的曲线宽度不超过 0.020GeV，从而可以得出其平均寿命下限为 3×10^{-23} 秒。希格斯玻色子的寿命要比这个时间久一些，但我们离能够测出它真实的平均寿命还有一段很远的距离。

为什么测出较重基本粒子，尤其是希格斯玻色子的曲线宽度及平均寿命如此重要呢？首先，这可以检验标准模型的预测是否正确，更重要的是，这种测量能为我们带来新的发现。如果希格斯玻色子的曲线宽度或平均寿命与预测值有异，就可能表示有"不一般"的衰变方式：希格斯玻色子与未知粒子耦合。第一个证明这种"不一般"的衰变方式的人，就能成功打破标准模型，并打开通向新的物理学的大门。这些研究可能会让我们发现新粒子，也许是看不见的粒子，甚至是暗物质的某些神秘成分。

LHC 的后继者——巨型加速器 FCC 在初期应该能够准确测出所有较重基本粒子的曲线宽度和平均寿命。FCC 是正负电子对撞机，和 LEP 一样采用点粒子产生的极强的碰撞，易于研究。不过，这一次的能量高到足以将 W 玻色子、Z 玻色子、希格斯玻色子、顶夸克等所有"巨人粒子"研究清楚。

该项目计划产生大量的重粒子——包括标准模型中的所有较重粒子，以研究它们的特性，寻找最轻微的异常。目前对W玻色子及Z玻色子曲线宽度和平均寿命的测量将有数量级的提升，而对于顶夸克和希格斯玻色子的测量，数值有望精确到百分位。

奔忙的信使

俯瞰埃尔科拉诺海的帕皮里别墅被维苏威火山的喷发掩埋，在厚达30米的灰烬下长眠了将近1700年。

这是皮索内家族的别墅，在维苏威火山喷发前由尤利乌斯·凯撒的岳父卢修斯·卡尔普尔尼乌斯·皮索内命人修建，用以彰显家族的尊贵。皮索内是一位渊博的文人，他热爱文化，喜欢伊壁鸠鲁派哲学。在别墅遗迹中挖掘出了几百幅已碳化的莎草纸卷轴，这也正是别墅名称的由来[1]。

帕皮里别墅是一座宏伟的建筑，长250多米，宽约50米，主体部分有三层。任何想一睹其貌的人，都

1.莎草纸的意大利文为papiro，复数为papiri，音译为"帕皮里"。——译注

可以去参观太平洋帕利塞德附近、邻近洛杉矶的保罗·盖蒂博物馆。在建造之时，保罗·盖蒂这位特立独行的美国百万富翁明确要求建筑师要忠实仿照帕皮里别墅。

在那里发现的无价之宝中，不只有莎草纸，还有优美的壁画、珍贵的马赛克镶嵌画、彩色大理石地面，以及87尊雕像——其中58尊为铜像，其余为大理石像。这些雕像中，有的是绝对的杰作，那不勒斯国家考古博物馆为此专辟了一个展厅。其中的一尊赫尔墨斯像一直令我着迷，许多学者认为它是古罗马人仿的古希腊大雕塑家留西波斯的作品。

雕像是一个坐着的少年，他专注地凝视前方，两腿略分开，右腿向前，左腿屈起，左脚在后。上半身则反过来：放松的左臂在前，前臂放在大腿上，右臂在后，手掌撑在所坐的岩石上，手略微朝外。

虽然这是一座静像，看起来是一个坐着休息的少年，但他的姿态充满动感。他上半身的扭转，哪怕只是那微微的一点儿，也让观者想围绕雕像转一圈，从不同角度去欣赏它。

脚踝上带翅膀的凉鞋让他的身份确凿无疑：这

是宙斯和女神迈亚之子赫尔墨斯，众神之中最敏捷者——不管是从一个地方飞到另一个地方，还是用头脑进行思索。他以思维敏捷、聪明伶俐著称。

他在早上出生，中午就已经走出了摇篮，他发现了一个龟壳并用它做了一把里拉琴。当天晚上，他向强大的兄长太阳神阿波罗发起挑衅——从其牛群中偷了50头小母牛，并成功瞒了过去。

宙斯让这位敏捷之神当神界与人间的信使，天空中速度最快的行星——水星——之名也来自他[1]。他负责将宙斯的神旨传达给凡人。这位伟大信使的奔忙，将两个不同的世界连在了一起，让本质相异的东西有了关联。

基本的相互作用由一些非常特别的粒子承载，它们被称为媒介子，是一种特别的信使。和那位足踏带翼凉鞋的神一样，这些粒子也联系着异质而不可再分的东西。它们连起夸克和轻子，让其相互作用，令其转变，有时也决定其终结。

在这里，不确定性原理下能量与时间的奇特关系

1.水星又名"墨丘利"，来自赫尔墨斯的罗马名。——译注

再次起了作用。我们可以这样看两个带电粒子之间的电磁相互作用：第一个粒子放出一个能量为 ΔE 的光子，这个光子立刻被第二个粒子吸收。一切都是有规律的，但会有那么极短的一瞬间，两个粒子和放出的光子是同时存在的，这似乎违背了能量守恒定律，事实上只要这个瞬间短于不确定性原理规定的 Δt 就没关系。传送的能量 ΔE 越大，时间 Δt 就越短，因此媒介子所能走过的最长距离 $c\Delta t$ 也就对应最小的传送能量。由于任何媒介子所带有的能量都不可能小于其质量对应的能量，因此相互作用的范围就与媒介子的质量有关，媒介子的质量越小，相互作用的范围越大。

对于电磁相互作用来说，事情很简单：因为光子没有质量，所以电磁相互作用的范围也就无限大。任何带电粒子都和全宇宙中其他所有带电粒子相互作用，不管它们分布在哪里。

另一方面，弱相互作用的媒介子 W 玻色子和 Z 玻色子则很重，不确定性原理禁止它们飞出很远的距离。能量 80 ~ 90GeV 粒子的作用范围被限制在原子核以内，因此弱相互作用还没接近原子核边缘就消失了。正是因为被限制在如此微小的尺度上，人类花了几千年才意识到它的存在也就不奇怪了。

自然界各大基本力作用范围的区别，对于我们的宇宙结构具有决定性意义。敏捷的信使们各自扮演不同的角色，各有各的工作范围，只在清楚划定的管辖区域内奔波。这些赫尔墨斯的弟子将我们的物质世界组织得井井有条、平衡而和谐。

完美的一对

能量和时间是天生一对，不确定性原理将它们联系在一起，让它们有了不可分割、此消彼长的关系。一个变得很大，另一个就会变得很小；一个站在舞台中央，另一个就会消失在远处。但二者的角色随时可能互换。

虽然是不相容量，但它们其实被一些深层的东西联系在一起。这是一种强大的关联，根植于我们这个物质宇宙最细微的肌理之中。能量守恒定律是最普遍的法则之一，每次遇到它我们就能感受到那种深层的东西，而能量守恒与时间又有着特别的关系。

众所周知，物理学定律的每一种连续对称性都对应着一个守恒定律，即某个可测量的物理量保持不变。如果改变时间轴的起点而运动规律保持不变，就意味着系统的能量守恒。这种关系非常强大，强大到能把两个没有共同点、看似完全不相关的量联系在一起。

这种特别关系中隐藏着最大的奥秘——感谢掌管这二者此消彼长关系的不确定性原理，让虚空可以转变为一个美妙的物质宇宙。需要注意的是，真空也是一种物态，和所有物态一样。就算它不含任何形式的物质，没有物质粒子穿过，也不存在任何场，它也不是一片死寂。如果对它稍加扰动，并通过一系列实验测量其能量，我们就会看到一连串分布在零周围的随机值。它只是平均能量为零，这意味着在微观尺度上，它其实要不断经历能量涨落。不确定性原理控制着这些随机的小摆动，让真空不停地涌动。

过去几十年的观测似乎都指向一个来之不易的结论：一切都始于一个这样的微小涨落。就连真空也得遵守不确定性原理，不能一动不动、一成不变。它要不断产生成对的粒子与反粒子，这些粒子在存在极短时间后再归于原始状态。多亏了不确定性原理，真空可以变成一种取之不尽的物质与反物质不停涨落、经历各种状态的场。

在这里，我们可以将这样的微小涨落想象成尺寸可忽略不计的气泡，比夸克还要小得多。在某个微小的涨落中，奇怪的事情发生了：一些顽皮的泡泡没有立刻回归原始状态，而是突然开始膨胀，变得巨大。这就是我们尚不完全了解的"宇宙暴胀"。

在极其短暂的10^{-35}秒中，微小的异常膨胀成了宏大的世界。两种完美混合的成分交织成一种状态，它仍然具有与真空一样的量子数，但已经呈现出更有趣的东西。

所采用的办法简单而巧妙。只要将两个互补的成分结合起来，一个能吸收的能量正好是创造另一个所需的能量，就可以了。

真空的能量为零，要创造质能，必须借用所需的能量。这是可以做到的，借了之后马上归还就可以。但如果从原始真空中伴随质能诞生出一个时空结构，那一切也会奇迹般地互补。在这时空结构里，任何形式的质量或能量都受到其他所有质量或能量的引力。当两个物体之间形成联系时，就会创造出一个能量为负的状态，因为摆脱束缚需要消耗能量。正是自时空扭曲中诞生的引力，偿还了物质从真空中涌现而造成的能量负债，负能量正好抵消正能量。"真空银行"还来不及为了补救而恶意催债，借贷就很快得到了偿还。

时空突然以远高于光速的可怕速度膨胀，并在瞬间充满了能量。需要注意的是，光速是不可超越的在这里并不适用。在时空内部，任何事物都不可以超过光速，但如果是时空自身在膨胀，那可以要多快有多快。

和所有的微观物体一样，那个生发出一切的原始泡泡也有极小的皱褶，所有量子力学法则适用的系统都如此。暴胀大大拉伸了这些微小的密度起伏，将其扩展到宇宙尺度。我们周围的大型结构，比如星系、星系团，就围聚于这些极小但被暴胀扩展到宇宙尺度的不均质周围。晴朗的夜空仿佛在告诉我们，微观尺度上无可匹敌的量子力学在浩瀚空间中也留下了不可磨灭的印记。

如果没有和能量捉迷藏的时间，也就不会有我们在这里讲述这个故事。

9

能否逆转时间的箭头？

"如果能回到过去……"谁不曾因后悔过去的某一个选择而说出这句话？在那个时候，我们可能是没抓住改变人生的机会，也可能是犯了错而伤害到心爱之人。在更富戏剧性的情况下，类似的话也曾低语在神父的耳畔，或回荡在高墙之间。

开弓没有回头箭，让那箭飞回箭筒是从远古时代起就一直陪伴人类的强烈愿望。大文豪们向我们讲述了俄耳甫斯的悔恨，他恨自己因为没能忍住，最后看了妻子欧律狄刻一眼而永远失去了她；或是奥赛罗的绝望，他因为被奸诈的伊阿古蒙骗而杀死了妻子苔丝狄蒙娜。

到了19世纪末，之前只能想象的事突然有了眉目，不可能的事突然看得见、摸得着，逆转时间的古

164

老梦想被重新点燃。由于技术的进步和新的发明，时间的不可逆受到了质疑。自公元前4世纪起就被伊壁鸠鲁等大思想家宣布的"……已成之事不可逆"陷入信任危机。

随着电影的诞生，卢米埃尔兄弟首先让观众在视觉上体会了时间倒流的效果。

这两位发明电影的天才发明家将他们位于里昂的感光玻片厂作为其首部短片《工厂大门》的拍摄场景。历史上首部电影于1895年公映，并引起了公众非凡的兴趣。巴黎人蜂拥而至，只为一睹这新鲜事物。很快，出新就成了问题，而且要越来越神奇，不断引起公众的好奇心。卢米埃尔兄弟很快就发现，将影片倒放能让观众叹为观止。

倒放技术首次出现在路易·卢米埃尔1896年拍摄的《拆墙》中。这一次的场景依然是家族工厂，主角是哥哥奥古斯特，他指挥几个工人手拿镐头和千斤顶拆除一堵老墙。当老墙倒下时，碎了一地，激起一阵尘埃。可不一会儿之后，老墙奇迹般地复原了，又成为一堵完好的墙立在那里，它的周围是忙碌的工人，他们似乎在悉心呵护这一重构的作品。

人们对时间一去不复返的固有印象被打破了。借助电影，观众能亲眼看到不可能的事发生了，有一种眼见为实的感受。他们坐在座位上，目睹了时间之箭被逆转时的怪象。电影让已经发生的事全面再现，而且可以无限回看，时间变得可以向前也可以向后，可以随意加速也可以减慢。这将古老的时间可逆性问题又带回当下，带到了大众的眼前。

一个方程向我们揭示谁也未曾料到的世界

最早的电影，以及之后新兴电影产业拍出的更复杂的电影，带来了一种集体想象，和20世纪最初几十年的科学革命并肩而行。

20世纪20年代末，年轻的英国科学家保罗·阿德里安·莫里斯·狄拉克还不到30岁。从他的名字可以看出他是移民后代，他家从瑞士法语区的瓦莱州移民到英国。他于1926年在剑桥大学圣约翰学院取得博士学位，其博士论文的标题简单明了：量子力学。狄拉克似乎是世界上第一个敢以此新兴理论作为博士论文课题的学生，当时，这个理论尚在大力发展之中。

狭义相对论和量子力学这两项革命性的理论，打开了20世纪的大门，狄拉克很快就一头扎进试图调和二者的工作中。要描述高能次原子粒子的行为就必须将二者结合起来。不久，他惊奇地发现自己为带负电的电子建立的方程，也可以为类似电子、只不过带正电的粒子提供一个解决方案。乍一看这似乎很荒谬，在一段时间内，这似乎只是一种形式上的奇特，其物理意义等到几年之后的1932年才被理解——那时，另一位年轻的科学家卡尔·戴维·安德森发现了正电子。他在宇宙射线中找到了一些和电子几乎一模一样的粒子，只是它们在磁场中的偏转与电子相反，因此必然带正电。

随着正电子被发现，大家明白了狄拉克方程中藏着另一半物质世界。正是由于这位勤奋好学、害羞寡言的年轻人，人们才忽然意识到每一种粒子都对应质量相等、电荷相反的另一种粒子，也就是我们今天所说的反粒子。那个优美的方程让我们发现了一个完全未知的世界，之前，没有人曾料到它的存在。

随着反物质的出现，在基本粒子的微观世界中时间是否可逆的问题再次被提起。方程的对称性导致在时间中前进的物质粒子等价于在时间中后退的反物质粒子。换句话说，让一个电子出现在空间的某一点等价于让一个正电子在这一点消失。由于有了反物质，我们可以用能量从真空中拉出成对的粒子与反粒子，而且这个过程在时间上是可逆的：正反粒子接触后就会湮灭，只剩爆发出的能量。

认为在基本粒子的世界中时间可逆的想法由来已久，大家都觉得这是最简单直接的解。而且在基本粒子碰撞理论中，这在形式上也成立，时间可以常规向前，也可以逆转向后。比如，碰撞产生两个相互作用的粒子，以略偏离的轨迹飞出去。时间逆转后，它们的行为依然符合物理规律。这时，人们会看到两个粒子反方向运动，碰撞在一起后变成原来的状态。二者速率一样，只是方向相反。

这一切看起来完全就是把碰撞倒放一遍。基本粒子的微观世界似乎就像卢米埃尔兄弟广受欢迎的电影一样，正放倒放都可以。

事情其实要复杂得多。当我们在某些衰变过程中进行时间和电荷反转实验时，就会发现与最初的完全对称性假设相矛盾的效果。就连在基本粒子的物理学规则下也无法做到时间反转对称。即使在那个奇怪的世界里，也要分过去和未来，仅靠把时间逆转过来获得完美对称的过程是不够的。

研究无穷小世界中的时间逆转十分复杂，因为要寻找非常微小的偏离，而这些稍纵即逝的现象往往极为罕见。

关于这方面的研究还有一则逸事，我未能考证真假，不过我是从罗马市郊弗拉斯卡蒂的意大利国家核物理研究所实验室听来的。来自维也纳的天才物理学家布鲁诺·陶舍克自20世纪50年代起就在意大利开展研究活动，正是他于1960年提议建设"累积环"（Anello di accumulazione，缩写为ADA），这是世界上第一台在同一磁场轨道上同时有正负电子的加速器。它让粒子及其反粒子在同一轨道上相向回旋，碰撞湮灭时放出的能量全部用以产生新粒子。该机器成功运行，陶舍克的天才主意为现代粒子加速器铺平了道路。

他的研究生涯因他英年早逝而不幸终止。很长一段时间，他都在研究那些似乎能打破时间反转对称的罕见过程。某一天，他在去往实验室的路上发生了车祸，就在弗拉斯卡蒂南边一点儿的图斯科洛山的弯道上。他被送到了最近医院的急诊室，医生按常规向他提问，以确保他能正常作答，从而排除他遭受脑部损伤或其他让人不清醒的外伤的可能。当医生问陶舍克做什么工作、目前在忙什么时，他一本正经地回答："我是搞物理的，现在正在研究逆转时间。"医生听了之后马上说："严重脑外伤，紧急住院！"

对称的圣杯

只是提了一下逆转时间就让弗拉斯卡蒂的那位医生担心起来，这也可以理解。在我们日常生活的复杂物质世界中，过去和未来有着明显的区别。从桌子上掉下的玻璃杯碰到地面时，就会碎成许多块，如果有人用手机拍下这一场景并将其倒放，那我们立刻就能看出来他们编辑了视频，并颠倒了顺序，因为我们看到的碎片从地上跳到桌子上，重新组成完好无损的杯子，是我们在真实世界中从未见过的。

基本粒子只有几种相互作用，这么简单的东西组成的世界也许可以更加有序和对称，也许其中的时间也可以摆脱永远只能向前的宿命，也许会有完美对称的反应和衰变。要确定这些情况，唯有验证一下，看看自然界是否存在一种普遍成立的强大对称。

最常见的对称是镜面对称，每天早上我们照着镜子刷牙或梳头时都能看到，熟悉的模样让我们一眼就能认出是自己，所有细节都很像，只有一点不一样：镜子里的右手对应我们的左手，左手对应我们的右手，这一点在我们用梳子梳头或用剃须刀刮胡子时就会发现。这是镜面对称的伎俩，它们是通过反射而左右对称。人们在很久以前就知道镜子的妙用，在照相机被发明出来之前，许多画家就利用镜子画自己的自画像，他们在镜子前摆好姿势，再把镜中的影像转移到画布上。卡拉瓦乔就是这样将少年的自己画成了酒神的模样，现在，这幅著名的自画像藏于罗马的博尔盖塞美术馆，名为"生病的巴库斯"。画中是一个面色苍白、病态的少年，他的头上戴着常春藤冠，手拿一串白葡萄。这幅画可追溯到1593年至1595年，那时卡拉瓦乔刚到罗马，在16世纪末罗马著名画家朱塞佩·切萨里（又称"阿尔皮诺骑士"）的画室做学徒工。一些评论家认为，这是卡拉瓦乔被马踢伤后在家休养时画的。看着这幅画，我们可以想象当时的场景：画家以右手作画，以左手拿葡萄，但因为镜面对称左右对调，于是画中的巴库斯右手拿着葡萄，此模样永远定格在这幅小小的画作之中。

豪尔赫·路易斯·博尔赫斯痴迷于对称，他的幻想故事中经常出现倒影、迷宫和平行世界。其中最精彩的当属《神学家》，收在1949年出版的著名短篇小说集《阿莱夫》中。故事说到两位基督教神学家奥雷利亚诺和胡安·德·帕诺尼亚全身心投入与异端的斗争，为了时间循环的问题论战至死。在这两位主角的背后是许多诺斯底主义的异端教派，博尔赫斯以自己的想象丰富了这些教派。

诺斯底主义者认为，物质让人堕落，一切存在于时间及空间中的东西都是腐坏的，世界是地狱之所，我们只能活在悲惨和痛苦中。借助这个背景，博尔赫斯想象出一个"循环派"（又称"该隐派"或"伊斯特利亚派"），他写道："有些族群容忍偷盗，有些容忍杀人，有些容忍邪淫。他们认为，人间是天上的倒影。伊斯特利亚派歪曲此想法而创立了其教义。……他们认为每个人都有两身，真身在天上。他们还认为我们的行为在天上会倒转，也就是说我们醒着，天上那个就睡了；我们淫乱，天上那个就贞洁；我们偷窃，天上那个就施舍。我们死去，就会和天上那个合二为一。……他们还说不作恶才是魔鬼的傲慢之举。"

于是，在博尔赫斯想象出的异端者的反转世界中，巨大的镜子颠倒的不是左右而是伦理。犯下最可怕的罪是每个虔诚基督徒的责任，在尘世造的孽越多，在天国的荣光就越大。

镜子及其奇特的左右对调也存在于基本粒子的世界中。像镜面反射那样让左变成右的变换叫作宇称变换，通常以大写字母P表示。在粒子的一般情况下，我们可以想象有一面特别的镜子，能将粒子的空间坐标（x，y，z）变为（-x，-y，-z）。

一开始，人们认为所有的力从给定系统到其镜像版本，都不会改变其作用方式，也就是说，人们认为空间变换或宇称变换能保持对称性。想象一下，在实验中观察到的物理过程与从镜子里看同一实验所见的物理过程一致，这似乎是很自然的事。同样，我们也曾认为，将系统中的粒子都换成反粒子后也能保持对称性。这种变换被称为电荷共轭变换，以字母C表示。

实际上，涉及夸克间的强力及带电粒子间的电磁力时，这些对称性确实得到了保留。但是人们很快就发现，在弱相互作用下，情况并非如此。弱相互作用最难捉摸，它有一个十分奇特的行为——对通过宇称变换或电荷共轭变换连接在一起的系统有不同的作用，仿佛迅速察觉到发生了什么事情一样，它会对两个系统区别对待。

我们很早就知道，弱相互作用会打破宇称对称及电荷共轭对称，也有充分的理由怀疑它会打破时间反转对称，但直到最近，我们才以实验证明了弱相互作用不遵守时间变换（以 t 表示）的对称。也就是说，如果将 t 换成 -t，让时间倒流，弱相互作用会打破对称性而在两个系统中产生不一样的效果。我们观察到了有些现象因时间流动方向不同而有不同的发生概率。打个大胆的比方，我们可以说，就像博尔赫斯想象出的伊斯特利亚派信徒一样，弱力将人间和天国分得很清楚，它在二者中的行为也不同。

这个结果确凿地证明了物理规律的时间不可逆，即使在微观层面上也是如此。如果时间逆转，就算是在量子力学主导的简单系统中，也会产生不一样的物理过程。克洛诺斯要统治一切，它不接受被排除在粒子世界之外。如果通过影片来看这些现象，我们就能分辨出哪个是真实的，哪个是倒放的，就像看卢米埃尔兄弟倒放老墙倒塌时那样。

曾有一段短暂的时间，人们认为，就算宇称对称和电荷共轭对称各自被打破，但二者结合也可以组成一种不会被打破的对称。如果空间坐标反转，同时把粒子换成反粒子，我们就应用了CP，即C、P这两种变换的联合。但很快这也被证明行不通，因为我行我素的弱相互作用依然会打破复合变换CP的对称性。在这里，真正的新发现是，如果在宇称变换和电荷共轭变换之外，时间也被逆转，那么我们就找到了完美的对称。

也就是说，只有同时进行CPT三重变换，即将粒子换成反粒子，反转空间坐标，再让所有粒子反向运动来逆转时间，物理法则才不区分过去和未来。任何物理过程似乎都不会打破这种复合变换的对称。

CPT对称就像全世界物理学家寻找已久的"圣杯"。三重变换形成一个紧密而坚固的整体，似乎没有任何物理过程能将其打破。所有基本相互作用都遵守CPT对称，无一例外。这进一步告诉我们，有一种深层的东西将时间和空间联系在一起，并将二者与物质及反物质相连。这种联系在基本层面上起作用，从而让时间在微观世界中也扮演极其重要的角色。

诗和美酒的奥秘

我们的日常环境以宏观物体为主，所谓宏观物体也可说是由巨量基本粒子组成的物质系统。尽管表面上看，给我们带来那么多痛苦的新型冠状病毒很小，但它也是宏观物体。它是一段被蛋白质聚合壳包裹和保护的RNA片段，包含两亿多个原子，每个原子又由夸克、胶子、电子组成。然而，这还是小到人眼看不见的系统。只要是人眼能看见的，比如阳光下闪烁的一粒沙，其原子数量轻易就超过千万亿。

这些系统中无数粒子中的每一个都遵循物理规律，但如果要每时每刻都详细了解每个粒子的位置、速度、相互作用才能预测物体的运动，那我们的日子就过不下去了。

幸好，控制复杂物体的规律，即我们所说的经典物理、化学、生物学等，精确到足以让我们组织好日常生活。不需要太精密的设备，我们也可以去上班、吃饭、探亲访友。不知道无穷小世界里发生着什么，不了解日常器物稳固的外表下隐藏着什么，我们也可以过得很好。

但还是有一些总体原则，虽然根源于对我们的生活似乎毫无影响的微观世界，却决定了宏观物体的运动变化。不了解它们，就无法解释日常经验中的许多自然现象。其中的一些，比如衰老和死亡，会深深触及我们，以至会深刻影响所有人的人生和世界观。熵增便是这些总体原则之一，它是使时间不可逆成为常识的关键。

如果要用一句话来概括整个宇宙的运动变化，我们可以说：这是一个封闭系统，其中各部分运动发展、相互作用，系统总能量保持不变而总熵不断增加。

我们比较熟悉能量这个概念，因为在很多地方都会用到。能量不能无中生有也是大家都知道的规则。熵则神秘得多，在科学界之外，人们不太明白它代表什么，更重要的是不清楚为什么它一定要增加。说到熵，经常被提到的是有序和无序，这种描述虽然很接近基本概念，但还是藏有相当多误导人的地方。

为了真正理解熵，我们要再次踏入微观世界，即基本粒子的世界。从某些角度说，熵最能体现原子及基本粒子的微观世界对于决定宏观世界——包括我们人类在内的一切多么重要。

首先要看到，微观世界只受概率和物理法则的控制，正是这种强大的耦合作用建立了最完美的民主。

假设我们请朋友来家里吃晚饭，聚餐接近尾声时，大家还在畅聊，厨房里煮着咖啡，杯子已摆在桌上。杯子是再寻常不过的物件，它的每一个粒子都遵守物理学定律，它无数个原子中的每一个都被其他关联原子围绕着，并受到地球引力的影响。此外，杯子还和桌子的原子相互作用，企图以自己的重量使桌子变形。每个原子都有机械振动，浸没在复杂的电磁场中，它们有质子和中子组成的原子核，其间还有一些多出来的强相互作用，而质子和中子本身也由夸克和胶子组成，夸克和胶子同样经历着非常复杂的运动。

幸好大自然等级森严：要弄清蛋白质的三维结构无须考虑夸克，计算以多快的速度过马路才不会被车撞也不用想着原子。总之，就算不知道周围物体内部的具体情况，也可以得到关于它们的重要信息。如果一定要考虑到原子的层面，大部分时候只要考虑粗略的近似情况就足够了，就像量子电动力学之父理查德·费曼说的："可以把原子当成一直飞来飞去的小粒子，当它们靠得足够近时相互吸引，但当它们挤到一起时又相互排斥。"

在任何情况下，来参加聚会的朋友都能清楚看见杯子稳稳立在桌上，尽管组成它的无数原子正在做各种运动，经历着无限多略有差别的微观状态。关键就在于此：一个宏观状态——杯子立在桌上并与周围环境达到热平衡——对应许许多多不同的微观状态。只要将某个原子稍微移动一点点，或将它与其他原子交换，或略微增加它的振动动能，那在微观层面上立刻就是一个不同的状态，但和我们聊天的朋友没有一个人会察觉。

组成杯子的原子那么多，可以有那么多不同的组合，想想就会发现我们在谈论的是数量巨大的不同状态。这时就该概率出场了。我们先假设概率均等：给定一个平衡的孤立系统，无数微观状态中的每一个都有一样的出现概率，这就是我们之前提到的"民主"。

系统以同样长的时间经历每一个可能的状态。只要物理学定律允许，最不可能、最出奇怪异的状态也迟早会被随机抽到，迎来自己的光辉一刻。没有特权，大家机会平等。在微观世界中，大家轮流掌权，哪怕其统治只持续一瞬间。

一个状态的熵衡量对应某一宏观状态的微观状态数量。熵低表示只有少量的等效微观状态，熵高则意味着有许多在宏观层面上不可区分的微观状态。

我们可以用贾科莫·莱奥帕尔迪的著名诗篇《无限》来打个比方。此诗一共有104个词，用电脑打乱再排出所有可能的排列并不太难，但绝大部分时候排出来的都是毫无意义的文字，偶然有一点意义时可能也毫无诗意或自相矛盾，可见，莱奥帕尔迪那样灿烂的诗意和完美无比的诗句在那么多可能性中只会出现一次。也就是说，《无限》中的104个词的所有可能排列中，成诗的排列独特而唯一。

演奏一首名曲，比如约翰·塞巴斯蒂安·巴赫的《马太受难曲》，或酿造香气和口感无与伦比的美酒，比如"西施佳雅"（Sassicaia）、拉度（Château Latour），也都是一样。只要合唱团稍有差池，或不该下雨的那周下了几天雨，就会无法挽回地打破那神奇的平衡——那是最小的细节也必须到位才能达成的平衡。

熵与时间的不可逆

让我们再回到聚餐的场景中：咖啡煮好了，并被倒入杯子里。行家会说要趁热喝，冷了就没了香味。那不勒斯的小餐吧有着世界上最好的咖啡，就因为它们以用预热到滚烫的杯子来盛咖啡。可惜我们因为聊天聊得太欢快了，耽误了一会儿，等开始喝的时候咖啡已经凉了，杯子倒变热了。这是一个自发的变化，熵会告诉我们原因。

在新形成的平衡中，杯子和咖啡达到了差不多的温度，这个状态对应的熵大于初始状态的熵。初始状态中，沸腾的咖啡分子出于激烈的热运动，而杯子的分子是常温的，其分子的能量较小，此状态的熵也就较小。

系统的两部分相接触，其中一部分（咖啡）的能量密度比另一部分（杯子）高，这样系统的熵就较低。每当咖啡的一个分子撞击杯子分子时，一部分能量就会在撞击中转移，于是咖啡冷却而杯子升温。如果热能不是一直聚集于系统的某一部分，而是分散到整个系统中，那对应相同宏观状态的微观组合数目就会大大增加。这是一个典型的不可逆的转变。

理论上，杯子的所有分子可以像商量好了似的一下把收到的所有热能都还给咖啡，但这样的宏观状态非常特殊，因此可能性极低。要在无数可能性组成的抽奖中中奖非常难得。它可以发生，但概率极低，低到可能等几十亿年还等不到。

也正是由于这一原理，如果我们向一桶蒙达奇诺布鲁奈罗[1]中倒入一杯臭水，那一整桶好酒都将被毁掉。反过来，如果向一桶臭水中倒入一杯蒙达奇诺布鲁奈罗，将不会有任何作用。如果没有阻碍，熵值低的状态总要被熵值高的状态取代。

这个机制决定了我们看到的现象有先后之别。熵增解释了为何微观上的可逆法则产生宏观上的不可逆变化。时间流逝只向前不向后，开弓没有回头箭，这

1.即意大利托斯卡纳大区蒙达奇诺镇附近产的一种上好红酒。——译注

些常识都来自经验。因为自发过程不可逆，所以才有了宇宙的演化——这是一个孤立系统，一路不回头地走向熵最大的状态。这种现象有自然的时间先后，不是由于基础物理规则不对称，而是因为微观层面上的可逆性被宏观系统的复杂性掩盖了。

幸好，这并不意味着不能局部降低系统的熵。这是可以做到的，但有两个条件：一是要消耗能量，二是局部熵减要被其余部分的熵增补偿。最常见的例子就是家里的冰箱，它冷却食物减少了它们的熵，但也消耗了能量并让房间升温。

更重要的是，被我们称为"生命体"的复杂化学形式也应归于局部熵减。种在地里的小麦种子有了水和阳光就会发芽，长出植株，又产生新的种子。从土地中吸收的原子被组织成有机物分子，熵值降低，但这个过程需要能量，因此土地的熵增加了，土地中的无机分子被分解，以形成植株并滋养它。提供能量的太阳、提供水分的雨，都参与了熵增的过程。所有生命体都要不停地消耗能量，从而增加它们所在环境的熵值。

让生命存在的机制也定好了生命的归宿，因为就是这些机制导致损耗、衰老和死亡。有人因此开玩笑地说：生命就像鲑鱼，总要逆流而上。

在我们的世界中，基本粒子可以一直疯狂地存在，所有宏观物体却都会损耗消亡。山石变化得慢，动植物等生命形式的衰败则快得多。主导这一切的依然是熵增。

如果多洛米蒂山脉的某一峭壁坠入下方峡谷中碎成千万块，那是因为对应这种情况的微观状态比对应峭壁耸立的微观状态多得多。

在生命体中，这种衰败也无法避免。有机物是有序、脆弱、要消耗能量的物质组织形式，生命的各种循环要持续，就要不停更新和修复。这种运转可以维持一段时间，但熵增迟早会占上风。最长寿的动物能活几百年，某些特殊植物可以活几千年，但万物都会有那一刻：复杂的有机结构损伤得越来越严重，已很难看出最初的样子；它们无可挽回地被氧化，因为和氧气化合能形成更简单、更稳定的基础化合物，这些化合物不需要能量也能存在下去，相应的熵也大得多。在人类文明中，我们给这种突然加速的氧化过程起了一个特别的名字：死亡。

我们终于来到了最经典的不可逆：人死不能复生。日常经验加上对衰老和生命有终的意识，让我们坚定地认为时间一去不回头，时间不可逆的观念主宰了我们的世界观。

10

杀死克洛诺斯之梦

不可避免的熵增迫使我们意识到，时间的箭头不可能掉转方向：俄耳甫斯不能回到过去让自己不看妻子欧律狄刻最后一眼，奥赛罗也无法弥补自己曾经犯下的错误。

不过，在不违反任何物理规律的情况下，是有可能让一个系统回归到它的初始状态的。这只是代替"回到过去"，因为时间还是在前进。我们无法回到过去，但如果清楚地知道了系统所有组成部分在之前那一瞬间的状态，便可以准确复制出同样的情况，这是对过去事实的一种精准重建。

实验是在非常简单的量子系统中进行的，其自发演变通过耗费能量被逆转。但是在这些案例中，与其说是逆转时间，不如说是映射时间：以外部干预让系统回归初始状态。即便如此，这种逆转也只能在少量基本粒子组成的系统中进行。

复杂系统或宏观物体无法逃避等待着它们的命运。时间的单向流动在太多领域得到证实，让人无法再抱有任何幻想。我们的时间观念清楚地区分了过去和未来，其箭头方向与熵增主导的热力学过程、宇宙的演化一致。宇宙有确切的诞生日，并一直随着时间的前进而膨胀。我们无路可逃。

停止时间的古老梦想

如果逆转时间不可能，那我们只能寄希望于让它停止。这种时间"冻结"的状态对光子等无质量粒子或黑洞中心的奇点是很自然的，对人类却完全不可能。自然规律在这方面展示得已非常清楚明白，但并不妨碍我们设想一个超自然的干预。

人类自古就梦想着停止时间，并把这种能力寄托于神性，认为只有那些活在时间之外的人才能掌控时间。在克洛诺斯的奴仆所在的世界中，变化才是王道，诞生、存在和死亡是无可避免的过程。而没有时间的世界则不生不灭、永恒不变。永恒是时间的反面，让人怀疑时间不过是一个假象、一场随时可能醒来的幻梦。于是，时间的流逝也失去了意义，成了单纯的表象，随时可以被打断。

要想停止时间，我们可以像《圣经》中的约书亚那样求助于上帝耶和华。在遭到迦南五王的攻打时，基遍人派信使向约书亚求救。约书亚和他的部队彻夜行军，但当他们到达战场之时，太阳却即将下山。敌军趁天色渐暗撤退，想以黑夜作掩护逃走。于是，约书亚祈求上帝满足他复仇的愿望，结果时间静止了，日月都停在天空中不动，太阳继续照耀大地，以色列的子孙在可怕神谴的帮助下大杀敌军。

几千年后，这一幕又在戏剧性的背景下重现于世——一个犹太青年请求上帝让时间停住，只是这次的原因要高尚得多。这次的主角是亚罗米尔·赫拉迪克，他是博尔赫斯1944年出版的小说集《虚构集》中《秘密的奇迹》一篇里被判枪决的剧作家。

1939年3月19日夜里，赫拉迪克在布拉格被盖世太保逮捕。他是犹太人，又签了反对"德奥合并"的声明，这足以把他送上刑场。计划的行刑时间是3月

29日上午9点。

博尔赫斯设想赫拉迪克写了一些关于时间的重要著作，比如《永恒辨》。这部作品是虚构的，但名字中其实暗合了博尔赫斯自己的两部作品：《永恒的故事》和《卡巴拉辨析》。《永恒辨》的第一卷回顾了人类设计出的所有形式的永恒，从巴门尼德的"不变实体"到查尔斯·霍华德·欣顿的"可变过去"。后者是19世纪末的英国数学家，写过一些科幻作品，其中有些作品曾专注于"第四维度"。在博尔赫斯想象出的第二卷中，赫拉迪克证明了宇宙的所有事实无法构建一个连贯的时间序列。

在焦躁地等待即将来到的死亡时，赫拉迪克最关心的是完成自己最后一部悲剧《仇敌》。这是他最重要的作品，是注定要载入史册的。他的所思所想全都是要把它写完，但离行刑日没几天了，他肯定来不及完成。

于是，到了最后也是最残忍的那个夜晚，赫拉迪克向上帝祈祷，让时间停止，再给他一年时间来完成他的著作。这一晚他根本不能安心入睡，不停地做噩梦，在痛苦中醒醒睡睡。伴着时钟那不知疲倦的嘀嗒嘀嗒声，他开始了与时间的斗争，或者说与"时间幻象"的斗争。

黎明时分，他被带到行刑队面前，这时他已经失去了一切希望。士兵在场上排成一排，端着枪指向他，队长下达了开枪的命令。就在这时，标题中的"秘密的奇迹"发生了。

整个世界都冻结了。赫拉迪克动弹不得，子弹也没打到他，队长的胳膊停在半空，擦过赫拉迪克太阳穴顺着脸颊滚下的雨滴也停止了运动。风停了，院墙边嗡嗡作响的蜜蜂停在半空，它固定的影子投射在一块砖上。惊讶过后，赫拉迪克明白这是他的祈祷应验了。他会有一年的时间来完成他的作品，尽管他只能在脑中构思、书写、修改、补充，因为他和周围的一切一样动不了。

经过一年无法言说的努力，作品终于完成，每个细节都修改妥当，他心满意足。最后一个形容词，他也找到了。雨滴又开始划过他的脸颊，蜜蜂飞走了，四颗子弹击中他的身体。赫拉迪克死于1939年3月29日早上9点02分。

当代社会已让美和神圣变得苍白无力，所有力气都被花在物质财富和外表上。在这样的世界中，停止时间以完成艺术作品的文学幻想恐怕不会有多少人认同。停止时间的古老梦想反倒化作疯狂的自恋、一场与时间流逝的近身肉搏，其动机远没有博尔赫斯想象出的高尚。

人类一直很注重维护自己的形象，因为他们知道，在任何族群中形象语言对建立关系和等级都极为重要。饰品和发型、文身和面具、服装和彩绘都有强大的沟通作用：可以代表凶狠或高人一等，可以让人敬重，也可以成为引诱的工具。

几千年前，人类就有保养身体、掩饰缺陷、掩盖年龄的行为，许多史前墓葬中都发现了首饰、珠宝以及颜料痕迹。有关古埃及、古希腊、古罗马精英阶层护肤化妆的无数记载也家喻户晓。年老代表智慧，是受尊重的，但很少有当权者能抵抗让自己显得年轻而有活力的诱惑。

用各种技巧来对抗时间流逝古已有之，但我们的文明简直对此着了魔。由此产生了一个欣欣向荣的产业：不仅有关注健康的医院和药厂，更有打着"永葆青春"旗号的造梦工厂，他们的盈利就来自让人以为自己可以停住时间，而无力负担者只能听任克洛诺斯的统治。

永远年轻的梦想不只迷惑了亿万富翁和电影明星，这种疯狂现在已经渗入社会各阶层。只要能让沧桑的脸庞和衰老的躯体重焕光彩，去掉任何提醒我们人终有一死的标记，一切牺牲都值得。他们不想像伦勃朗的自画像那样，他们只想任凭岁月流逝，在镜中看到的都是越发年轻鲜活的自己。他们梦想着让生命倒放。于是，我们之中就有了一些面目吓人的人，他们采用各种手段掩盖岁月的痕迹，而结果往往比本来要掩盖的皱纹和瑕疵更可怕。他们以为自己实现了道林·格雷的梦想，却不知道自己在公共场合展示的，正是他们以为已经束之高阁，远离了众人视野的那幅画着一张怪异变形的脸的肖像画。愚蠢的人在寻找阻止克洛诺斯的捷径时，往往会变得盲目而不自知。

时间杀手

杀死时间的诱人想法在历史上曾出现过许多次，并一直吸引着我们，让我们着迷。彻底消灭克洛诺斯的古老梦想，现在以新理论和现代科学假说的面目回到了我们面前，值得我们探究一番。

时间是否只是一种幻觉？也许几千年来，人类都在关注一个不存在的东西，一个根本没有实体的东西。

自从物理学的范式被20世纪初的理论革命彻底动摇后，一代又一代的科学家都致力于将广义相对论和量子力学结合起来。构建引力的量子描述贯穿了整个20世纪，因为它比预计的要复杂得多。为了将最"万有"的相互作用量子化，地球上最厉害的几百个头脑都参与到非凡的努力当中。几十年来，这方面的研究工作让人们开始重新思考时间的概念。

一切都始于美国物理学家约翰·惠勒和布莱斯·德维特的研究，以及一次过久的候机过程。约翰是普林斯顿大学的教授，20世纪30年代末起爱因斯坦也曾任教于此。第二次世界大战期间，约翰·惠勒曾在洛斯阿拉莫斯实验室参与曼哈顿计划，之后又跟随爱德华·泰勒造出第一枚氢弹。再次回到大学工作后，他决定投身最冒险也最困难的研究：统一广义相对论和量子力学。与他合作的是德维特，这位也是非常出色的理论物理学家，比惠勒小十几岁，生活在北卡罗来纳州，两人是非常要好的朋友。20世纪60年代中期，经常出差的惠勒有一次要在罗利-达勒姆机场中转去往费城。由于下一班飞往费城的飞机还有几个小时才起飞，于是他决定打电话给住在附近的好友德维特。惠勒问他想不想借此机会讨论一下两人的研究，德维特欣然同意了，并马上带着笔记——上面记着他最近在研究的一个公式——前往机场。就在那几个小时里，两人为一项研究打下了最初的基础，其成果在几年后被斯蒂芬·霍金称为"描述宇宙波函数的方程"。

惠勒-德维特方程无法解决所有的量子引力问题，但会成为其他许多发展的基础。值得注意的是，此方程中没有出现时间。物理学家们第一次显露出这样一个可怕的怀疑，又或者是暗暗的希望：时间并不是现实的基本组成。换句话说，在基本层面上描述宇宙并不需要时间。

惠勒和德维特描绘了一个被"冻"住的宇宙，它没有变化，好像被锁定在一个永恒的瞬间。这让人想起中世纪的某些神秘主义者，通神时的灵魂出窍也让他们的时间停在那一刻。

接下来的几年里，不同的量子引力理论被发展出来。最有前途的两种至今依然是纯粹的思想体系，在某些方面还互相矛盾，而且往往还是强烈对立的。第一种是弦理论，第二种是圈量子引力论（Loop Quantum Gravity，缩写为LQG）。

"弦论"名下其实集合了诸多略有差异的理论模型，它们的共同点是认为组成物质的基本粒子不是无维度的实体（点粒子），而是无限小的一维结构——振动的"弦"。标准模型中的各个基本粒子也就成了这些"弦"空间运动的宏观表现。这种理论可将几种基本相互作用统一起来，也可将量子力学和广义相对论结合起来，只要假设有许多额外的空间维度即可。但它们只对宇宙诞生之初能量极高的情况可用，在围绕着我们的又"冷"又"老"的世界中，它们都被锁进了极微小的尺度，连LHC也无法探测到。

第一个提出弦理论的是意大利物理学家加布里埃莱·韦内齐亚诺。20世纪60年代末提出此理论时，他正在欧洲核子研究中心工作。美国物理学家兼数学家、普林斯顿高等研究院教授爱德华·威滕则被认为是超弦理论、M理论（M理论是弦理论的进一步统一）等最完整和最有希望的模型之父。

另一个领域，即"圈量子引力论"领域，出发点则完全不一样，它不关注物质的组成，而关注物质所处的背景——时空——的性质。爱因斯坦提出的平滑结构变成了有细微颗粒的体系；极小尺度上观察到的空间不再是我们目前所见的"连续体"，而是有许多被称为"圈"的微小颗粒。从这一假设出发，引力的量子化是顺理成章的结果，但时间从基本方程中消失了，就像惠勒-德维特方程所展示的那样。

1988年，美国理论物理学家李·斯莫林和意大利理论物理学家卡洛·罗韦利首先提出了圈量子引力论。斯莫林目前在加拿大多伦多附近的滑铁卢普力米特研究所工作，罗韦利因其畅销全世界的科普著作而闻名。

在圈量子引力论中，描述世界的基本方程不含时间变量，这引起了很大的轰动。在其基本层面上，时间会变成无用的概念。圈量子引力论的支持者认为，彻底放弃时间这个没用的负担，或许能更好地从最细微之处理解宇宙是如何运转的。

这些言之凿凿的判断经过大众媒体的放大变成了

吸睛的标题："时间不存在""物理不需要时间""时间只是假象"。因此，有人戏称斯莫林和罗韦利为"时间杀手"。

诺斯费拉图

《诺斯费拉图》不是第一部改编自布莱姆·斯托克小说《德古拉》的电影，但它对集体想象造成了深远影响，以至在将近100年后的今天，它依然是许多恐怖电影的灵感来源。德国表现主义大师弗里德里希·威廉·茂瑙塑造了神秘的奥乐伯爵这一经典恐怖角色原型——不死的诺斯费拉图在棺材里躲避阳光，以人血为食，成为影视作品中一众吸血鬼的"祖师爷"，他们令一代代观众既害怕又着迷。

从这部杰作中可以看出，这个"怪物"饱受折磨，十分痛苦，注定要孤独而永恒地活着，由此衍生出无数的吸血鬼故事。他们通常因永生而痛苦，而为了永生又要每晚都杀人。

时间也像不死的"吸血鬼"一样，不停从棺材中爬出来控制我们，撕碎一切幻想，瓦解试图杀死它、永远埋葬它的尝试。

就算是对于圈量子引力论等认为时间不存在的科学理论，实际情况也比表面上复杂得多。首先，这些理论的支持者自己都强调不能简单地说时间不存在，只有当空间破碎成无限小的泡沫时，时间才会从基本层面上消失，或者说不再是微观世界的关键组成部分。他们也不会轻易否定时间的真实性，它确实在世界中起着作用；他们只是认为时间是衍生出来的次级属性，只有当系统变得复杂时才会出现，也只有当空间中形成粒子和原子的广泛聚合时才有意义。无限熵增和热力学规定的时间依然是宏观世界最具决定性的要素之一。即使失去"基本要素"这个身份，也不会减弱它在损耗、衰老和死亡等过程中的持续作用，而这些过程正是我们这个物质宇宙的特征。

另外需要记住的是，无论是弦理论还是圈量子引力论，都还只是猜想，理论无疑是优美的，但尚未经实验证实。在没有令人信服的实验结果之前，谁也不能斩钉截铁地下结论，就像我们在某些报纸上读到的："物理研究表明我们活在十维世界中。"或者，"科学研究发现时间只是假象。"

作为实验物理学家，我们的工作是认真考察理论物理学家提出的所有模型，而量子引力的模型就有几十个。虽然明知这些猜想大部分都是错的，因为常常会互相矛盾，但我们还是要一视同仁地检验它们，由实验数据来决定谁对谁错。我们甚至也要考虑这种可能：它们全都错了，因为大自然很可能选了与目前的想象截然不同的道路。这种情况在过去也发生过，所以我们也要为此做好准备：实验数据呈现出完全出乎意料的东西，一种没有一个理论物理学家曾预测过的新现象。

无可争辩的事实是，经过多年的研究，直到现在仍没有令人信服的证据来支持某个量子引力理论。弦理论和圈量子引力论都可能成立，但都没有得到验证。目前还没有发现能说明额外空间维度存在的新物态，也没有发现超弦理论预言的超对称粒子。圈量子引力论所说的"空间颗粒"是如此之小（10^{-35}米），以至要想直接观测到它们让人难以想象。如果这个理论为真，宇宙尺度上应该有细微的异常，但目前尚未观察到任何相关怪象。

这可能是由于我们的仪器不够灵敏，也可能是由于两种优美猜想之一完全错误，又或者正确答案根本就还没被想出来，也就是说两种理论都是错的。活在怀疑和不确定中，是我们这份工作最迷人的特权之一。

同时，最无情的"时间杀手"之一斯莫林似乎后悔了，这也证明了猜想可以说变就变。他在最近的一些研究作品中彻底改变之前的观点，提出一种新的弦理论，其中，时间又成了基本变量，而空间成了假象。

斯莫林的出发点是"量子纠缠"——让相关物态耦合的过程。这是量子物理诸多难以理解的现象之一，虽已被无数实验验证，但我们尚不知该如何解释。当加速器产生一对粒子和反粒子时，系统的总体特征可知，但单个粒子的特征却不确定，直到对其进行测量。量子力学告诉我们，这两个粒子会一边飞行一边发生振荡，它们可以分道扬镳，经历所有可能的状态，又转化为彼此。这种完全的自由在二者之一与

"揭示器"[1]相互作用的那一刻结束，因为测量让其坍缩成某个确定的状态。我们假定被测量者表现为反粒子，那么可以确定的是，在那一刻它的小伙伴就算在几千米之外也不再自由，因为从那一刻起，它只能表现为粒子。

量子纠缠似乎暗示着存在一种即时的远程作用，毕竟我们完全想不出如何让信息以无穷大的速度传播。有人认为这证明了理论的非局部性，另一些人则认为这是一种我们完全不知道的新的守恒定律。

斯莫林不认为这是"无时间"，而认为是明显的"无空间"，好像两个粒子之间的空间距离不存在一样。其观点就此发生反转：时间是基本组成，空间是其副产品，是从时间中衍生而来的结构，具有假象的特征。简言之，宇宙由互相关联的事件组成，它们形成一张巨大的关系网，空间只作为对这张关系网的粗略描述而存在。

由此可见，科学家们有着无穷的创造力，他们以此寻找正确的道路，以赢得世纪挑战，即找到经得起

1.即测定任意粒子量子数的机器。——译注

实验检验的量子引力理论。在某些理论中，时间似乎消失了，变成了假象。这种猜想虽然很令人着迷，却从未被验证，甚至导致了一系列的问题。

据我们所知，时间有极其重要的作用，不仅是在物质不断变化、生物生老病死的宏观世界中。如我们所见，时间在基本粒子的微观世界中依然扮演着非常重要的角色。它在广义相对论中与空间紧密相连，在不确定性原理中与能量紧密相连，也与控制基本粒子物理过程的强大而普遍的对称——宇称对称和电荷共轭对称密不可分。去掉时间，许多基本物理法则就可能被动摇，而它们是我们这个物质宇宙的骨架，若骨架不稳，整座大厦就有倾覆之虞。

因此，尽管人们无数次想要杀死克洛诺斯，将其彻底边缘化，但他依然显示出无可置疑的十足生气。

后记　短暂的时光

　　1941年1月的格尔利茨寒冷刺骨。这座小城位于德国最东部，就在波兰的边境线上。希特勒吞并西里西亚后，第三帝国[1]的军队在此建起了一座战俘营，代号VIII-A。它原是希特勒青年团的营地，随着战事的爆发被改造、扩建，用来关押战争第一阶段被俘的几千波兰人。后来波兰战俘被转移到其他战俘营，格尔利茨就迎来了法国战役中被俘的法国及比利时士兵。三万多人被安排在简陋的环境中，其中就包括年轻的法国音乐家奥利维埃·梅西安。

　　他在孩提时代就开始听巴黎公社社员之子克洛德·德彪西的五幕歌剧《佩利亚斯与梅丽桑德》，其间发现了自己对音乐的热爱。11岁时，他进入巴黎音乐学院，成为那里最优秀的学生之一，并赢得了许多

1.即纳粹德国。

奖项和荣誉。他的钢琴弹得极好，也会作曲，还在巴黎的各个教堂演奏管风琴。他是虔诚的天主教徒，注重传统，喜欢所有的音乐形式，包括古希腊的原生态音乐和印度的传统节奏。他对鸟类的鸣叫有着浓厚的兴趣，最终竟成了鸟类学家。1932年，24岁的梅西安与克莱尔·德尔博斯结婚，她是一位小提琴演奏家、作曲家，也是巴黎音乐学院的学生。两人疯狂地相爱，一起表演，琴瑟和鸣，梅西安会写曲子来庆祝他们的幸福时刻，比如1937年儿子帕斯卡尔降生的时候。

随着战争的爆发，这幸福恬静的画面突然被打破。梅西安应召入伍，作为音乐家加入第二军的音乐戏剧中心，和其他艺术家一起组织演出、鼓舞士气，但希特勒闪电战的装甲师击溃了法国的防线，梅西安被俘。

格尔利茨战俘营中的生活艰辛无比。这里就不是人待的地方，每天都有几十名战俘死去。深深的绝望侵蚀着这些年轻战士的灵魂，没有人知道自己还能不能见到亲人，还能不能活到明天。

在这恐怖的环境中，梅西安毅然决定写一首室内乐,更为疯狂的是,他要在战俘营里为战俘们演奏。那是1941年的1月15日,破败屋子外的温度计显示出温度是零下十几摄氏度,梅西安开始弹钢琴,为他伴奏的还有关押于此的另外三位音乐家:拉小提琴的让·勒布莱尔、吹单簧管的亨利·阿科卡、拉大提琴的艾蒂安·帕斯基耶。这些乐器只能将就使用,提琴少了几根弦、钢琴琴键因寒冷而僵硬。这就是《时间终结四重奏》的首次演出。

梅西安的作曲灵感来自圣约翰的《启示录》。他决定用剩下的短暂时光——没人知道那会是多久——写一首曲子,以弥补那些在恐怖中度过的日子。音乐让他和其他战俘从寒冷、饥饿和日复一日的屈辱中超脱出来。以音乐来思考时间的终结慰藉了作者,慰藉了一起演奏的音乐家,更慰藉了那些眼含热泪、在沉默中听完曲子的战俘。

和亚罗米尔·赫拉迪克一样,梅西安也决定用被"子弹击中之前不多的时间",给自己、给共患难的同伴、给全世界送上新的艺术作品。围绕这乍现的美丽,最破碎、最卑微的人群也能找到安慰,重建集体感。

赫拉迪克和梅西安的故事提醒我们,人生虽多烦忧，但我们在世的时间是被无条件赋予的，无须拿任何东西交换，不管长短，都是给我们的财富。每个人都会感慨时光匆匆，并且难免为人生太短而焦虑，但是忘了我们无须做任何事就开始了人生。一个远比我们伟大的物质及生命机制，让我们成为生生死死的一部分。我们一旦偶然间来到这世上，就只需想着好好利用这免费得到的时间，哪怕只是很短暂的时间。

时间最深层意义的问题依然悬而未决。现代科学积累了时间各方面的大量事实，但分析过后，许多问题依然没有答案。

实际上，我们依然不知道时间到底是什么，但我们已经看到它在物理学迄今探索过的各个角落中都起着极其重要的作用。要知道，其中可相差大约40个数量级。肯定还要很久，我们才能不使用"时间"这个概念来描述我们周围的世界。

此时此刻，如果霍金在世，也许会开启另外一个赌局：是否会有那么一个时间，科学不再需要时间？

致谢

我要感谢给我支持、让我写出这本书的许多人。

首先要怀念一位刚刚离开我们的朋友——雷莫·博迪，我们多次一起和公众见面，这也是我们交流思想、进行有趣讨论的机会。其中的一些讨论就出现在本书的各个部分。特别要感谢安杰洛·托内利，在我要探索古希腊人时间概念的奥秘时，他给予了我指导。

感谢埃马努埃拉·明纳伊和亚历西亚·迪米特里，他们以热情推动我写出这本书。

感谢我最亲爱的朋友贝佩·科利托、南尼·奥多尼、安东内洛·马托内、安德莱伊娜·托科、安东尼奥·卡皮塔，感谢他们的建议和帮助。

最后要特别感谢卢恰娜，不仅是因为她做了许多宝贵的贡献，也因为她悉心读完手稿，指出不完整、不通顺之处。没有她的不懈帮助和持续鼓励来完善一切，这本书永远不会诞生。